ビーガンという生き方

マーク・ホーソーン 著
井上太一 訳

緑風出版

A VEGAN ETHIC

Embracing a Life of Compassion Toward All

by Mark Hawthorne

目次

ビーガンという生き方

補遺

謝辞

大きな本も小さな本も協力のたまものである。草稿を読んでくれた方々、助言や支援をしてくれた方々に心から謝意を表したい。キャロル・Ａ・アダムズ、モリー・バーカー、タラ・バクスター、オーレリア・ダンドレア、カレン・エマソン、ローリー・グルーエン、パトリス・ジョーンズ、エリック・マーカス、ハイジ・マーゴクシー、マーティン・ロウ、トム・ライアン、キム・ストールウッドには深くお礼申し上げる。脱搾取（ビーガニズム）の倫理の意義を理解し、指導に当たってくれた友人にして出版人のティム・ワードにも深謝したい。

相互に繋がる種・性・人種・生態系の抑圧に関する考え方は、キャロル・Ａ・アダムズ、Ａ・ブリーズ・ハーパー、マーティ・キール、グレタ・ガード、ローリー・グルーエン、パトリス・ジョーンズ、ブライアン・ルーク、ノーム・フェルプスなど、多くの人々の著作から学んだ。それに誰より、実例によって日々私を導いてくれる妻、ローレン・オーネラスがいる。この生活を分かち合い、私を向上させてくれるローレンに、感謝を伝えたい。

はじめに

つい最近まで、脱搾取（ビーガニズム）は主流から外れた運動とみられ、人々からは豆腐と玄米を格別に好む者たちの励む「極端」な食事法と生活を指すと思われていた感がある。が、脱搾取派（ビーガン）を自認して肉・乳・卵・蜂蜜を避ける人々が増えるにつれ、その存在は経済を動かすほどの力になって、今や大手のレストラン・チェーンでさえも精一杯かれらに合わせようと、植物性の食材からなるメニューを提供している。一般大衆は脱搾取派が、かつて幸福と自由を夢見て生きていた動物たちを消費したくない、と言う時、それが何を意味しているのかを理解し始めた。

脱搾取の魅力は、それが実に多くの生活の問題に対する改善策となる点にある。苦しみと病と暴力に悩む世界の中で、脱搾取の生活スタイルは、現状を拒んで思いやりへ向かい、健康な食事と私たちを超える生命たちへの配慮によって、この心身をやしなってくれる。本書を通して私たちは、脱搾取に限らず、動物の権利、人間の権利、そして環境について深く学び、社会正義のために奮闘しながら自分を磨く手立てを考える。

私が社会正義を志したのは数十年前、インドのヒマラヤ山脈に位置するラダクでのことだった。ここで私は、自給生活を送る仏教徒の家族と暮らしながら、菜食主義者（ベジタリアン）であることの意味を学んだ。さらにこのとき私は、中国政府が一九五〇年にチベットへ侵攻したことや、ダライ・ラマと彼にしたがう数千人のチベット人らが、一〇年近く前に故郷で起こした蜂起の失敗後、つらい山越えを経てインドへ流れ込んだ顛末を知った。それは長く続くチベット脱出の始まりで、今日、世界に散る同地の亡命者はおよそ一五万人と推定される。(原注1) 私はチベットの人々がしてくれた話に深く心を動かされ、難民キャンプに迎え入れられてその窮状をさらに学んだ。アメリカへ帰って数年のあいだ、私はチベット人支援団体のボランティアを務め、調査とニュースレター記事の執筆に携わった。

その間、食習慣のことも考えた。ラダクを去った後、牛と鶏と豚を食べるのはやめたが、まだ魚の肉、牛の乳、鶏の卵は食べていた。私は否定の中に生きて、こうした「他の」動物が何の感情も持っていない、あるいは自身の分泌物を人間に「与えてくれる」という嘘を信じた。けれども畜産業について詳しく学ぶと、その応援者の一人でいたくないという気持ちが強まった。自分の習慣に向き合うと、すべての動物が生きたいと望み、生きるべきであることがみえてきたが、その真実を悟ったのなら、苦しみを減らすべく自分にできることをしなければならない。そこで私は脱搾取派になり、色々な本を読んで、講演に加わり、思いやりある生活とはどんなものかを批判的に考えた。

肝に銘じたのは、単一の集団に共感を限定しないことが思いやりある生活の一環だという点だった。脱搾取があらゆる情感ある生命を害さないために手を尽くすことだというのなら、当然、その思いやりの輪は人間にまで広げなくてはいけない。けれども脱搾取や動物の権利の運動で残念なところは、動物たちを畜産場や研究所や拘束施設から解放する取り組みの中で、動物搾取と人間抑圧の繋がりがほとんど顧みられないことである。繋がりを理解して他の社会正義の問題に共感を寄せる人々も、意識と思いやりは動物問題だけに注ぐべきだと考えていることが往々にしてある。さらによくないのは人間のための戦いを顧みない人々で、かれらは人類とその動物の扱いにうんざりしている。怒りとわだかまりが特に表われているのはオンラインでの討論やソーシャル・メディアで、一部の「動物愛好家」はそこで人類への憎しみを口にする。

これは実に困った障壁だが、その憤(いきどお)りも分からないではない。人間は動物たちに対し暴虐のかぎりを尽くしている。けれども不満のあまり、多くの活動家は動物を人間と同じ地平ではなく、人間よりも上に置き、人間嫌いにまでなってしまう。確かに、支配の座につかず、自分の擁護ができない集団を助けるのに擁護活動の時間と労力をすべて傾注する方が、思いやりの輪を広げて抑圧下にある人々をも包み込むよりは容易だろう。というのも活動家たちの考えでは、人間は元凶であって、自分のために声を上げられるからである。私はかれらの怒りを解消することはできないものの、その怒りが間違った方角に向いていることは示せると思う——それに、私たち皆が力を合わせないかぎり、自由は訪れないということも。

動物の権利運動は他の社会正義運動とは別物と思われていそうだが、これは他とならんで、支配、不平等、搾取に対抗する同じ基本的な戦いの一環をなす。すべての解放運動の協力と同盟を通してのみ、解放という普遍的目標は達成される。

一九八九年、法学者のキンバリー・クレンショーは「交差性」という語を用いて、黒人(ブラック)フェミニズムを差別禁止法に応用できることを示し、形態を異にする抑圧のシステムが相互に係り合う実態を説いた。交差性はアイデンティティや、アイデンティティと権力の関係を考えるための道具だとクレンショーは語った。これとほぼ同時期に、著述家のキャロル・A・アダムズは「相互に繋がる抑圧群」という言葉で、性差別、人種差別、種差別の結びつきを言い表わした。さらに、一九九〇年に発表した画期的な著作『肉食という性の政治学』によって、アダムズは現代の動物解放と他の運動の橋渡しをすることに貢献した。

個人や非営利団体は少しずつ、社会正義問題に迫る学際的方法論を取り込み、動物の権利の課題がどう人権と関わるか、またどうすればすべての運動が追い風を得られるかを論じだしている。これは動物の権利を支持する人々も含め、社会正義活動家たちが実のところ何十年も前から把握している前提だった。例えば動物解放の活動家たちはしばしば、種差別、すなわち人間を他の動物よりも道徳的に重要視する偏見が、人種差別や性差別のような他の差別形態と重なることから、これらはいずれも道徳的に許されないと論じる。それを最も明瞭に物語るのはおそらく、動物の権利をフェミニズムの課題とする考え方だろう。女性の身体も人ならぬ動物の身体も「モノ」として――消費される「肉片」として――客体化される。中でも畜産業は卵や乳液を目当てに、また肉にする子を産ませるために、雌動物の身体を操作し搾取する。

驚くには当たらないが、女性たちは社会改革と動物解放の先駆者だった。ビクトリア朝、エドワード朝のイングランドでは、婦人参政論者は倫理的な菜食主義者であることが珍しくなく、動物実験への反対も唱えた。のみならず、一九世紀の動物活動家たちは、概して抑圧の共通性を摑んでいたように窺われる。例えばヘンリー・バーグとエルブリッジ・トマス・ゲリーは、一八六六年にアメリカ動物虐待防止協会を、一八七四年には世界初の児童保護団体であるニューヨーク児童虐待防止協会を設立した。

残念なことに、動物擁護者と社会正義活動家の同盟は、その後の年月に強まるどころか崩れていった。動物保護に携わる人々は使役動物の扱いや家を失った犬猫の保護など、単一の活動に焦点をしぼることがあまりに多く、かたや他の運動は人間以外のために戦う取り組みから離れていった。この状況は、遅々としてではあれ、変わろうとしている。多くの活動家が団結の力を認識しつつある。ただし、動物の権利運動には沢山の障壁があり、人種差別、性差別、階級差別などの悪しき態度が私たちの進展を阻んでいる。

人間と人間以外の動物とを問わず、私たち皆を取り巻く無辺際（むへんざい）な抑圧の勢力圏を無視し続けるなら、私たちは何も得られない。誰もが敗者になる。害を加えない、あるいは苦しみに手を貸さないよう最善を尽くす、それが脱搾取の中心理念であり、これから論じるように、すべての者へ向かう思いやりの生活を十全に実践することは、私たちの夢見る世界を形づくる最大の希望になる。

よくよく強調しておきたいが、この本は動物の権利や社会正義の分野に携わる数多くの活動家や指導者たちから私が学んだことにもとづくもので、本文や注釈ではこまめにかれらやその仕事について触れるつもりである。

【原注】

1　Edward Wong, "Tibetans in exile debate independence," *The New York Times*, November 21, 2008.

第一章　動物の権利

Chapter 1

On Animal Rights

不正を正す手立ては、真実の光をかれらに向けることである。
――アイダ・B・ウェルズ＝バーネット

スペイン北部の町パンプローナの闘牛場でスタンドに腰を下ろし、雄牛と走った熱狂から醒（さ）めると、良心の呼び声が胸につかえた。それは本当のところ、ささやきにも近いものだったが、耳ざわりに思って私は初め、聞かないふりをした。眼下では数頭の若牛が走り回り、闘技場は私と同じお祭り気分で、つい今しがた町の名物、石畳街道の疾走を終えた者たちでにぎわっていた。暴徒らがこのとき熱中していたのは「バキジャ」と呼ばれる見世物で、習わしとして牛追いを行ない、煽られたとみえる祭の参加者らが小さな雄牛たちをあざけったり、丸めた新聞紙で叩いたりする。

突如、すばしこい若牛が、走る人間を角ですくい上げ、後ろへ放り投げた。その時、再び良心がささやいた。私はこの動物たちが――それに私と一緒に走り、その日のうちに闘牛場で死ぬことになる雄牛たちが――苦しみではなく憐れみを与えられるべき存在だと悟った。一九九二年七月のことで、この時まで、私は動物の尊厳や欲求をしっかり考えたことがなかった。が、そのささやきは正直な声で、袖を引かれる私はその声を振り払えなかった。数カ月後、私はインドで一頭の牛とじかに向かい合ったことで目を開かれ、肉食を脱して菜食主義者（ベジタリアン）になった。それから脱搾取派（ビーガン）になるまでにはさらに十年を要したが、なってみると、動物たちの苦境はかつて考えられもしなかった形で私の世界の一角をなした。今では私自身が他の人々の啓蒙に努めている。

現在、活動家としてまた脱搾取派としてパンプローナの体験を振り返ると、恥とありがたみが同時に訪れる。闘牛という流血「スポーツ」に加担したことはもちろん誇れない。けれども雄牛に接近して、次の瞬間にはその恐ろしい運命を目の当たりにしたことは、種に関係なく身を守るすべのない者に、私たちが注意を向けなければならないという真理を悟るきっかけになった。それは私の中の何かを呼び覚ました。多くの人にはこんな経験がある。人によっては一度そうした機会を得れば、私たちの集団としての責務を知る。しかし多くの人にとっては、それは徐々に進む過程で、私たちはその過程を歩みながら、人生の中で思いやりが果たす役割を決める。

私たちの道徳的矛盾

動物の権利運動の核心にある戸惑いは、次の問いにまとめられるだろう――なぜ人々は一部の動物を愛しながら、他の動物を食べる、あるいは他の仕方で虐げるのか？　全米人道協会〔アメリカの大手動物福祉団体〕によれば、アメリカの家庭の四七パーセントは最低一匹の犬を飼い、四六パーセントは最低一匹の猫を飼っている――しかも他の家庭はずっと多くの犬猫を飼っている――ので、人と暮らす犬はおよそ八三〇〇万匹、猫は九五〇〇万匹にもなる。オーストラリア、カナダ、イングランドを筆頭に、他の国々でも犬猫は同様に愛される。日本では子を持つよりもペットを飼う方が好まれ、犬猫の数が一五歳未満の児童を上回る。この世界的な犬猫愛好に加え、さらに数百万匹のラット、マウス、ハムスター、兎、鳥、馬、その他のペットが飼われる。こうした動物のほとんどは家族同然に扱われ、誕生日や祝日にプレゼントをもらうことも珍しくない。移動時は赤子のように連れ回される。ソーシャル・メディアのアカウントを持っていたりもする。アメリカ人はその養育と健康維持に年間六〇〇億ドルを費やし、高級ファッションをあつらえられ、家族写真にも加わる。かれらが他界したら死を悼む――その深い悲しみは往々にして最愛の人を亡くした時のそれにも劣らない。社会の中でペットの地位は大きく向上したので、動物愛好家の多くはかれらを「伴侶動物」と呼ぶようになった。

その対極には私たちの文化圏で食用とされる動物たちがいる。いうまでもなく、この鶏、魚、豚、牛、羊、山羊、七面鳥、鴨(かも)、鵞鳥(がちょう)たちは、犬や猫とは全く違う扱いを受ける。しかし、私たちの愛する伴侶動物が、畜産場の動物のように虐待されていたらどうだろう――窓のない畜舎に押し込まれ、自分の糞尿の上に横たわり、多くの自然な本能を否定され、体を切り刻まれ、健康を損なう飼料と医薬品の混合物で生かされ続け、最期には何マイルも彼方の屠殺場まで運ばれ、仲間の恐ろしい死を見届けた後に自身もまた殺される。かれらには一かけらの愛情も注がれず、まして誕生日のご馳走などありえない。それどころか、かれらの大半はまだ幼な子のうちに屠殺される。

私たちと他の動物の関係は、控えめに言っても一貫性を欠く。けれども自身の道徳的矛盾に悩んだところで、それを認める人は比較的少ない。むしろ人々は認知的不協和に覆われながら目をつむっている――認知的不協和というのは凝った用語だが、私たちが二つの相反する思考や認知を同時に抱いた時に感じる、かすかな不快感(大抵はほんのささやき)を指す。例えば多くの人々は、喫煙がよくないと知りながら煙草を吸う。動物に関しては、その道徳的地位を認めて脱搾取派(ビーガン)になれば認知的不協和を和らげられるが、そうする人は(今のところ)一握りしかいない。

私たちの社会はなぜ一部の動物を愛しながら他を食べるのか、という問いの答は、思うに、大半の人々が普段、肉を動物に由来するものと考えないこと、少なくとも意識してそう考えはしないことにあるのではないか。かれらにとって、肉は食料品店で買ったり外食店で頼んだりするものでしかなく、清浄で、動物に死をもたらす暴力とは関係ない。もしかれらが豚と犬を同列に並べたら、自分が許せなくなるのではないかと思う。実際、だからこそ多くの雑食者（動物性食品と植物性食品の両方を食べる人、つまり大半の人）は、動物の権利論の主張に猛反発する。動物の権利論は、食事から動物を取り除く（つまり古い習慣を脱する）か、でなければ食べながら罪悪感を背負うよう迫るからである。

動物を消費する人々が習慣を変えずに良心を保とうと思えば、動物は心と感情を持たない生きものではない、という考えをしりぞける必要がある。個性があり、痛みを覚え、生きたがっている者を、そうと知りながら食べるのは難しい。ましてその動物たちが良き母親で、子を失ったら嘆くこと、あるいは仲間が殺されるのを見て恐怖することを知ったら、道徳的な矛盾の中にとどまるのはなお難しい。おびえた牛や豚が屠殺場を脱し、文字通り命がけで逃げることは珍しくない――残念ながら、保護園（サンクチュアリ）で安寧を得る動物はごくわずかしかいないが。動物に情感（快苦を経験する能力）が具わることは、何にもまして不都合な真実なのである。

私たちの認知的不協和は畜産利用される動物を超え、実験、毛皮、娯楽のために使われる動物にまでおよぶ。動物福祉に世間が寄せる関心の高まりは多くの世論調査に表われているが、消費者の大半は自分の行動が動物の苦しみに繋がることを理解しない――あるいは認めようとしない。動物擁護団体ファウナリティクス（元・人道研究委員会）による二〇一三年の世論調査では、回答した成人の七三パーセントが、人はあらゆる動物への危害を避けるべきだと信じていたことが分かった。ならばなぜ成人の七三パーセントは脱搾取派ではないのか。理由の一つは、かれらが動物の権利の問題をしっかり考えていないことにあると考えられる。

動物の権利とは？

「動物の権利」の捉え方は二通りある。第一は、動物を搾取と虐待から守る――さらには介入してかれらを解放する――社会運動としての動物の権利論。第二は、人でない動物も人と同様、内なる価値を具えた個の存在として、尊重されながら扱われる権利を持つという思想である。すべての動物は者であって物ではなく、人間から痛みや苦しみを与えられることなく生きる権利を有する。これを否定するのは種差別、つまり人間は人間独自の例外的な属性の数々（言語、自己意識、認知能力、魂など）を具えているので他の種よりも道徳的に優越する、とみる考えに囚われている。動物の権利の哲学は人間以外の動物を人間よりも上に置くのではなく、両者に平等な配慮を向ける。ここでいう平等な配慮とは、モノ扱いされない権利を人間以外の動物に認めることを指し、それは少なくとも原則上、人間に与える権利と同じものになる（詳細は第三章で論じる）。

動物に権利を付与する上での様々な障害のうち、とりわけタチが悪いのは、動物が財産とみられている現実であり、この法的地位はあらゆる手で動物「所有者」の権利を保証する一方、ほとんど何らの形でも動物を守りはしない。代わりに法律上の想定では、畜産用であれ実験用であれ娯楽用であれ、動物を所有する者は動物福祉への配慮が自身の経済的利益になることを分かっているとされる。動物福祉を構成する概念は実に古風なもので、アメリカ法律協会が一九六二年に起草した模範刑法典では、動物虐待防止法の主目的が「世間の感情を害する横暴の防止」にあるとされ、動物虐待に関する規定は「風俗紊乱（びんらん）」の項目に分類されている。まるで一八世紀の遺物である。

　動物擁護者はこの状況を変えようと努めているが、それは大型客船の進路を変えるのにも等しい。どころか、それは嵐のなか戦艦の一団に囲まれ転覆しかかった大型客船を、その沈没を眺めるのが既得権益だという戦艦の艦長らに見送られながら、別進路へ向けようとする努力といった方が近い。ただ動物たちにとって幸いなことに、船の進路を正しく倫理的な方角へ向けることに献身する強い意志を持った人々は沢山いる。

動物法

　法律のもと人間以外の動物は財産、つまり売買できる商品に分類されるので、およそ「所有者」がよいと思う仕方で扱うことが許される。制度化された動物虐待の中でもとりわけおぞましいものですら法律によって許可される。なるほど種々の動物保護法は存在するが、それらは効力が弱く穴だらけなことで悪名高い。例えばアメリカの州ごとに決められる「一般的畜産慣行の免除」によって、目下、採卵業者は孵（かえ）ったばかりの雄ひよこを生きたままミンチにしても全く法に触れないが、それはこの方法が農家にとって、卵を産まない、つまり何の価値もない動物を処分する最も楽な方法だからである。

どうしたらまともな人間が、これを人道的な扱いだなどといえるだろうか。

この荒涼たる風潮の中、一部の改革者たちは法制度を通して動物の利益保護を進めようと努める。そこには動物法に特化した弁護士らもいる。動物法はアメリカで一九七〇年代に大きな組織的運動として現われた法律実務の領域で、現在も動物たちのために躍進を続けている。数多くの勝利——路傍動物園〔道端に設置された素人経営の小型動物園〕に監禁されて久しい孤独な熊の解放から、畜産利用される無数の動物に影響する法律の通過まで——は、動物弁護士らの努力の賜物であり、かれらは主要な大学の動物法プログラムにも加わっている。動物法運動の創始者に数えられる非営利団体、動物弁護基金（ＡＬＤＦ）は、「我々はあらゆる罪なき者を顧客とする世界唯一の弁護士団といえるでしょう」と述べる。ＡＬＤＦや同系統の擁護者は数々の訴訟を起こして動物たちを保護し、種の違いや人間所有者の利益に関係なくその法的権利概念を確立することに取り組んでいる。こうした人々は裁判を通し、制度化された動物の虐待や抑圧に挑む。動物の権利訴訟はアメリカの最高裁判所でも争われた。

法人格

動物を保護する一つの方法は、人格の定義（と権利）を一定の種にまで拡張することである。これは動物を「ヒト」とみることではない。それは私たちの種を記述する生物学的な用語であり、かたやある者を「人格」と呼ぶのは、その本質、つまり意識と情感があることを言い表わしている。(原注1)
そうした特徴が大型類人猿——ボノボ、チンパンジー、ゴリラ、オランウータン——に当てはまることは多くの者が論じるところで、これが大型類人猿プロジェクト（ＧＡＰ）の骨子をなす議論になる。哲学者のパオラ・カヴァリエリと『動物の解放』を著わした倫理学者ピーター・シンガーが一九九三年に立ち上げたＧＡＰは、独自に作成した大型類人猿宣言の採択を国連に迫り、ヒト以外の霊長類に三つの基本的利益保護を拡張するよう求めている。すなわち、生存権、個の自由の保護、虐待の禁止である。これらの権利が確立されたら、ＧＡＰは幽閉下にある全世界の大型類人猿の解放を要求する。

この活動は世界に波及した。二〇〇七年にはスペインの自治州バレアレス諸島が、大型類人猿に法人格の権利を付与する世界初の法案を通過させた。同じ構想はアルゼンチン、インド、スペイン、スイスなど、他国でも軌道に乗りつつあり、アメリカでは動物法弁護士スティーブン・ワイズが人外権プロジェクト（ＮｈＲＰ）を発足させた。ＮｈＲＰはアメリカの普通法〔成文化されていない判例法〕のもと、科学的に自己意識と自律性を具えると証明された人間以外の動物――大型類人猿、象、鯨、イルカ、ヨウム〔アフリカの森に棲むインコ科の鳥〕――を法人格と認め、身体の自由に関する基本権〔動物園、路傍動物園、実験施設などに幽閉されない権利〕を付与すべきだと論じる。

法人格の確立へ向けたワイズの活動は、動物福祉の法律と規制が動物を虐待環境から救えてこなかったことへの不満を原点とする。彼の指摘では、動物は目下、権利を持たない点でテーブルやトースターにも等しいので、法律がその保護に役立たないのは当然といってよい。「譬えていうなら、私が野球バットで他人の車のガラスを叩き割った場合、何かの罪には問われるでしょう」とワイズは二〇一三年、ジョージ・ワシントン大学の講演で語った。「ですが車やフロントガラスは法的権利を持ちません。人格ではないので。言ってしまえば、人間以外の動物は生命を吹き込まれたフロントガラスのようなものです。酷に当たったら私はお縄になる、けれども人間以外の動物はこの件についてまったくの付録にすぎません。何の権利も持たないのです」。

ワイズやNhRPの同志らは幽閉下のチンパンジーに代わって多数の訴訟を起こし、人格の根拠はこの動物たちが人間同様、豊かに具える認知的・感情的性質にあると論じてきた。チンパンジーは並外れた複雑さと自己意識と自律性を具える存在であり、自由を与えられるべきだとワイズはいう。NhRPが普通法を用いるのは、そちらの方が成文法よりも柔軟性があるとの考えによる。普通法の判事には、変化する市民の倫理観や科学的知見を考慮し、法律を調整してそれらを反映することが求められる。本書を書いている現時点ではまだ、NhRPの訴訟は大型類人猿の法人格確立に結実してはいないものの、これは始まりにすぎない。そして人間以外の動物が自律的な生を生きていると認める裁判が増えれば、そうした革新的な制度上の変化は、人々の態度に訪れた大きな転回を告げることになる。

アメリカでは企業が人間と同様の法的保護に浴する――ならばなぜ動物はだめなのか。それはおそらく、そうすることが地球の仲間を利用する様々な人間の営みを脅かすからである。[訳注①]

食用に使われる動物たち

人間が他の動物から利益を引き出す行為の中でも、かれらを食材に変える営みは最も歴史が古いとみて間違いない――そして最も付加要素が多い。大半の人にとって、肉や卵や乳製品を食べる行為は、畜産利用される動物と接する唯一の機会であり、そこにはしばしば、食事を快いひとときにするための様々な伝統作法や慣習が伴う。これが私のいう付加要素である。人々がそうした肉食の習慣に固執するのは、それが集団儀式となって強く感情に訴える点が大きい――私たちは例えば、おばあちゃんのキッチン、パパとのバーベキュー、死んだ動物がいつも料理の中心にあった祝日の食卓といった懐かしい幼少時代を追憶する。私はレストランの前を通りがかった時、黒胡椒と玉ねぎ、ローズマリー、セージの混ざった匂いを嗅いで、にわかに四十年前の、家族と過ごしたクリスマスの晩餐の時へと引き戻されることがある。これは強力な感情である。

動物なしの食事を想像するのは難しいかもしれない。が、それは動物を食べなくてはいけないことを意味しない。事実、動物性食品の世界需要が上昇する中、アメリカでは牛肉、鶏肉、魚肉の合計消費量が二〇〇四年から二〇一二年のあいだに一〇パーセントの下降をみせた。(原注2)これは合衆国農務省（USDA）が得ている最近年のデータで、同省はアメリカ人の赤身肉消費が二五パーセント減少したと述べている。

食用の殺しに伴う残虐は、鶏、牛、豚、その他の動物が屠殺場で味わう経験よりも遥かに多くを含み、私たちがかれらの権利や脱搾取の倫理を考える上では、動物たちが文字通り「食品」として生を与えられた際にこうむる容赦ない虐待を、少なくとも概観する必要がある。以下に記すことは、網羅

訳注1　動物の権利論の基本、および動物の法的地位に関する詳しい議論は、ゲイリー・L・フランシオン／拙訳『動物の権利入門――わが子を救うか、犬を救うか』（緑風出版、二〇一八）を参照。

的な全体像からは程遠いが、畜産利用される動物たちの問題を活動家がしきりに訴える、その共通の理由のいくらかを示している。

雌鶏

私がしたように、一般的な採卵施設に足を踏み入れてみると、そこは窓のない鶏舎で、金網の檻が大抵は五段に重なり、長い列また列をなしているだろう。いくつかの薄暗い電球が頭上にぶら下がっているおかげで、この「連結（バタリー）」ケージの一つ一つには六から八羽のやせ衰えた雌鶏がいると分かるが、彼女らは皆、くちばしの先を切られて仲間をつつくこともできない。この痛ましい切断は摂食にも大変な困難をもたらす。鳥たちは檻にきつく押し込まれているせいで羽を広げることすらできない。他の自然な本能である砂浴びや巣づくりなどは、彼女たちにとっては欲求不満を催す遺伝的な記憶でしかない。檻の下にある大きな肥溜めは鶏の排泄物を回収し、尿由来のアンモニアと糞の悪臭は鶏舎に入った者の両眼と肺を焼く。この汚穢（おわい）の中で短い生を送る動物たちがどんな苦しみを負うかは、ただ想像しかできない。一羽の雌鶏はわずかな金網の空間だけで寝起きして卵を産む。彼女は日夜それを続け、週に最低六個の卵を人間の消費用に産み落とし、およそ二年が経って体がボロボロになった末、檻から引き出されて「淘汰鶏」の屠殺場へ送られるか、二酸化炭素でガス殺される。

肉用鶏

世界で肉用に飼われる陸生動物のうち、桁外れに需要が大きいのは鶏で、理由は飼料を肉に変える

「効率」の良さと、食に伴う宗教的・文化的制約の少なさによる。肉用に飼われ殺される鶏、通称「ブロイラー」は、巨大な孵化場で殖やされた後、巨大な鶏舎で「肥育」される。現代畜産の技術は鶏の成長速度を途方もなく速め、それによって身体異常をもたらした。一九五〇年代には五ポンド〔約二キログラム〕の鶏が育つのに八十四日を要した。現在は――アグリビジネスが選抜育種と特別飼料と成長促進剤を駆使するので――たった四十五日しかかからない。そのため、多くの鶏は体が急成長する一方で骨の構造がそれに付いていかず、激増する体重を支えられない。結果、大半のブロイラー鶏は跛行性の脚異常を負う。またしばしば肺の問題や鬱血性心不全も抱える。これらの虐待のほぼ全ては七面鳥や鴨の身もさいなむ。

豚

畜産利用される動物の多くが屋内に拘留される理由の一つは、飼育される豚をみればわかる。工場式畜産で飼われる豚は、遺伝子の操作を重ねられた結果、(原注3)恐ろしく病気に脆弱となり、病原体のいない人工環境に閉じ込めなければならなくなった。一頭に感染した細菌は難なく他の豚の免疫系を突破する。そこで、パック詰めにされる予定の豚は巨大畜舎に拘留される。豚は数千頭の仲間とともにスノコ床の上にたたずみ、糞はスノコの隙間から落ちて地下の大きな肥溜めに集まり、有毒の硫化水素を発生させる。工場式畜産場の鶏や牛と同じく、豚たちには各種の抗生物質が与えられ、それが病気を防ぎ、体重を増やし、消費者が好むとされる紅がかった色を肉に加える。生後三から六カ月でかれらは殺される〔豚の自然な寿命は十五年〕。母豚は長く生かされ、生後七カ月で人工的に妊娠させられて以降、年二度の割合で何度も子を産まされる。終わりのない妊娠・出産・授乳のサイクルに置かれる彼女たちは、まず動きを禁じる狭い妊娠豚用檻（ストール）に隔離され、出産間近になると同じ程度に拘束的な分娩房に移される。退屈と動きの制限で母豚は狂気におちいる――彼女たちはただ前に進むこともできず、大抵は子らの姿を見ることすらできず、子豚たちは生後二〇日ほどで母から引き離され、麻酔なしで去勢され尾を切られる。母親もまた「廃用」と判断された時点で屠殺される。

牛

アメリカは世界最大の酪農国で、世界の牛乳の約一五パーセントを生産しているので、この国を例にとってみよう。二〇一二年、アメリカの酪農業界に囲われる九〇〇万頭の牛は二〇〇〇億ポンド（九〇〇億キログラム）の乳液を産出した。これは驚くべき数字だが悲惨な背景を持つ。一九五〇年の国内酪農場には二二〇〇万頭の牛がいて、年に一一六〇億ポンド（五二六億キログラム）の乳液を産出していた。六十年後に一三〇〇万頭少ない牛を使って倍近い牛乳を生産できるようになったことは、酪農業界には喜ばしく、自分たちが天才のような気になれる出来事であったが、一種の残酷な計算を伴った。まずは牛の大半をコンクリート床の屋内に移し、一頭一頭を繋ぎ檻（タイ・ストール）に留める。牛は体の向きを変えることも気持ちよく寝そべることもできない。あるいは、会社によっては牛たちを不毛で混雑する糞に覆われた囲い地に置く。どちらの場合でも、アメリカの酪農業界は選抜育種、薬剤投与、さらに遺伝子操作を加えたモンサント社の牛成長ホルモン、通称ｒＢＧＨ（オーストラリア、ニュージーランド、カナダ、ＥＵ、日本など多くの国では使用が禁止されている）によって、牛を牛乳生産の巨大機械に変えてきた。結果、牛たちの乳腺は著しく膨張し、しばしば地面に触れるほどまで垂れ下がり、痛くて時には死に繋がる細菌感染、乳房炎を起こす。

しかしおそらく、酪農に伴う最大の残忍行為は、有機の乳製品や「人道的」なそれをつくる小農家にも避けられないものである。牛が泌乳を続けるには子を産まなければならないため、企業は牛に人工授精を施し、九カ月で子が生まれたら親子を引き離して、母親の乳――自然なら子をやしなう乳――を人間の消費用に販売する。牛の親子は親密で強固な繋がりを築くので、この強制的な隔離は苦痛のサイクルであり、母牛はそれを何度も何度も味わいつつ、業界に「奉仕」する四、五年のあいだに、子を産みながら年間二万二〇〇〇ポンド〔約一万キログラム〕の乳を産出したあげく、体が「廃用」となったら屠殺場へ送られる。かたや雄の子牛は木の檻に数カ月後のあいだ繋がれ、[原注4]筋肉を使えない状態で母乳に代わる調合乳と抗生物質を強制給餌された末、幼いうちに殺されて子牛肉となるか、でなければ食肉企業によって肥らされた末、殺されて牛肉になる。雌の子牛は母と同じ運命をたどる――すなわち、代用乳で育てられて酪農会社に戻された彼女らは、監禁状態に留め置かれ、愛するわが子から引き離される悲嘆の日々を送る。

無論、食肉業界の牛たちも同じ母子隔離に遭い、肉用に育てられる子牛は鎮痛薬も麻酔もなしに、去勢され、焼き印をおされ、他の諸々の身体損傷の責め苦を味わう。中でも苦しみの大きい一般処置の一つは、食肉産業でも酪農業でも実施される除角（じょかく）であり、牛の角組織は軟膏（なんこう）型の腐蝕薬によって焼き落とされるか、えぐり取られるかする。痛み止めはまず用いない。業界は牛の角をなくせば作業員にも他の牛にも安全だと言う。が、角には体温調節を助けるという重要な機能がある。一歳に満たないうちに子牛たちは混み合う肥育場へ送られ、早く「出荷体重」に達するよう抗生物質と成長ホルモンを盛った不自然な餌を与えられる。最期は食べものも水もなしに何マイルも先の屠殺場へ送られ、そこで屠殺銃を構えた忙しい職員に頭を撃たれ、痛みを感じないよう気絶させられることになっている。しかし解体ラインの流れは速く、停止もしないので、おびえる牛の一部は意識を保ったまま通過する。かれらは喉を切られてうなりのたうち、足かせをはめられて頭上のレールに吊り下げられる。屠殺場で働いていた元職員らの証言[原注5]では、実に牛たちの四分の一がこのような形で、自分の身に何が起こっているかを完全に分かったまま殺されてゆく。

魚介類

食用で使われる動物の中でも、魚(うお)をはじめとする海洋生物は一種独特なカテゴリーに入る。自称菜食主義者(ベジタリアン)の中にすら、魚はあたかも木になっているとでもいわんばかりに食べる人が多い。他の人々も、動物製品の大規模生産に関わる工業化の帰結は魚介類には当てはまらないと信じて魚を食べる。

水の中に暮らし、見た目からしても親近感を抱きにくいせいで、水生動物は人間が消費する生きものの中でもおそらく最もないがしろにされている。かれらは声を出さないように見え、脚もなく、眠りもしない。実のところ、私たちは同じ星に暮らす大半の魚種についてよりも火星についての方が詳しい。

現時点で一つ、はっきり分かっているのは、魚が痛みを感じることである。近年の研究では、魚が他の脊椎動物と同じく、痛みを処理する高度な知覚を持つのに加え、すぐれた知性も具えることが判明している。(原注6) しかも魚の消費量は人間が食べる動物の中でも最大であり、商業漁業は一年になんと三兆もの魚を捕獲する(原注7)（その多くは直接消費されず、三分の一はすりつぶされて鶏や豚、牛、養殖される魚たちに与えられる）。

従来、魚のほとんどは自然界で捕らえられ、トロール船の網に囲われて水揚げ後に窒息死するか、全長六二マイル（一〇〇キロメートル）にもなる延縄から何千本とぶらさがる餌付きの鉤針に突き刺されるかの運命をたどった。延縄漁は相手を選ばないので、水産会社が狙う魚種よりも遥かに多くの生きもの——イルカ、鮫、絶滅の危惧される海亀など——を捕らえること〔混獲〕で悪名高い。企業の捕獲した生きものの実に半数は海に廃棄される。

しかし人類の「水産物」需要が高まる中で海洋の魚たちはほぼ獲り尽くされたため、新しい産業、養殖業が急成長した。栽培漁業とも称される養殖業は今や、世界の魚の半数を供給するが、魚たちは海洋もしくは淡水の養殖区画に隙間もなく押し込まれる。混み合う水槽やネットの中では病気が蔓延するので、魚たちは抗生物質を盛られつつ、牛や羊や豚の血と骨、毎年何十億と殺される鶏たちの羽、それに魚粉と魚油からなるペレット状の安い餌料を与えられる。養殖場での繁殖は多くが「絞り出し」と呼ばれる手法を用いて行なわれる。孵化場の職員は雌魚を水から出し、手で腹部に圧力を加えて、チューブから歯磨き粉を出すように卵を絞り出し、後部の産卵口から出たそれをバケツやビニール袋に回収する。受精卵は後に孵化器へ移される。絞り出しの最中、魚は人の手で扱われて動きを封じられ、水に戻されるまでのあいだ窒息に苦しむ。鮭をはじめ大半の魚は鰓を切り開かれて死を迎え、時に頭部を強打される。鱒や大西洋おひょう〔カレイ科の魚〕は、貯蔵期間を伸ばす目的から、氷の中で徐々に窒息死する形で殺される。

蟹（かに）、小えび、手長えび、ロブスターは別種の拷問に苦しむ——かれらは一般に、生きたまま煮殺（に）される。動物研究の問題は別として、実験では蟹やロブスターが痛みを感じることが証明されており、（原注8）煮えたぎる湯の中で長引く死を味わわせる行ないは、この上なく残酷であると分かる。

ファッションに使われる動物たち

自身の価値観にしたがい脱搾取の倫理を取り入れる人々が、食事を菜食に切り替えたら、今度はその流れで、クローゼットに掛かっているものを吟味するようになる。これは至極当然なことで、つまるところ思いやりある態度を貫こうと思えば、体にまとうものも、体に入れるものと合わせたくなる。今や多くの人々にとって、ファッションへの配慮とは、革や毛皮、羊毛、象牙のために苦しみ殺される動物たちへの配慮を意味する。

革

革は人々が身につける最も一般的な動物製品で、上着、帽子、履き物類、ベルト、ブレスレット、ドレス、グローブ、スカート、時計バンド、財布、車の内装などにみられる。また、犬の首輪やリードから、馬の鞍（くら）や鐙（あぶみ）まで、革は私たちの愛する動物にも装着される——一方では他者を鞭（むち）打つのにも使われつつ。革製品が多彩を極めるのは、非常に多種の動物がそれに使われるせいもある。革の大半は牛由来だが、一方でワニ、バッファロー、象、山羊、馬、カンガルー、駝鳥(だちょう)、鮫(さめ)、羊、蛇の皮膚も使われる。一般的な思い込みと違って、革は食肉産業の副産物ではなく、大変な儲けになる主産物の一つである。それどころか動物皮膚の売り上げによって肉の価格は安く保たれるので、革は実のところ工場式畜産場を助けていると論じる批評家もいる。ただし搾取される身体を上着や手提げカバンに変えられるのは肉用の牛だけではない――皮革業界は酪農出身の牛も利用する。

毛皮

人類は動物を食べだした頃から毛皮をまとっていた。事実、獲物を食べ始めて間もなく動物皮膚を身にまとった最初の人類は、ホモ・エレクトゥス〔ホモ・サピエンスの祖先とされる化石人類〕の狩人だったと考えられる。もっとも、かつては生存に必要とされたであろう毛皮も、植物や合成の繊維が発達すると廃れた。今日の毛皮は贅沢と残酷さの象徴であり、このどうでもよい服飾のために無数の動物が殺されている。

毛皮用に使われるミンク、チンチラ、あらいぐま、狐、兎、黒貂(くろてん)のうち約八五パーセントは毛皮用動物養殖場で飼養・屠殺され、残りは自然界で罠猟の犠牲になる。典型的な養殖場では、天板と金網からなる檻が長い列をなして並んでいる。そこに少なくて一〇〇〇匹、多ければ一〇万匹の動物が監禁される。毛皮用の動物養殖は百年前後の歴史しか持たないので、動物たちの遺伝子は野生の仲間と変わらない。かれらにとって自由でいることは強固な生物学的必要条件であり、養殖場の小さな金網檻に幽閉されれば狂気におちいる。その反発は、頭をゆする、前後に歩く、回り続ける、自傷行為に奔(はし)

るなどの異常行動として現われる。

罠猟は養殖に比べれば遥かに小規模ながら、まだ自然界には多数の罠があり、特にアメリカでは毛皮取引のために罠猟師が年間三〇〇万から五〇〇万匹の動物を殺す。この数値はたまたま罠にかかってしまう「標的外」の動物、犬や猫、絶滅危惧種などは含まない。毛皮業界はそうした動物を「ゴミ」と呼ぶ。毛皮をまとう野生動物の捕獲に使われる主たる道具はトラバサミ〔脚を挟む罠〕、胴バサミ、括り罠などに分かれる。

罠猟でも養殖でも、動物を殺す際には毛皮が傷つかないよう、首折り、ガス殺、水没殺、肛門電殺、窒息殺、毒物注射などの手が使われる。

羊毛

私たちがまとう動物製品の中でも、羊毛は人々に最も意識されないものの一つで、大抵の消費者はその生産にひそむ残忍さについては何も知らない状態に置かれている。乳液のために搾取される牛と同じく、体毛のために利用される羊も、短い生涯のあいだ苦しみ続け、体が果てたら終には殺される。一部は気の短い作業員に殴られ、蹴られ、毛刈り中にハサミで刺されまでして命を落とす。のみならず、羊を弱らせ毛刈りの際の抵抗を減らす目的から、毛刈りが始まる前日には食事と水が抜かれる。動物活動家たちはオーストラリアやイングランド、アメリカなどの羊毛生産大国における飼育場でこれらの虐待を目にしてきた。

オーストラリアの羊毛産業は世界最大だが、そこで実施される特に浅ましい慣行はミュールジングといって、子羊の臀部の両側から三日月型に皮膚を切り取り、毛の覆いや皮膚のたるみ、糞尿の汚れのない傷口をつくる手法である。これを行なうのは、メリノ種の折り重なった皮膚に糞が溜まり、そこへ黒蠅（くろばえ）が産卵して蠅蛆症（ようそしょう）が生じるのを防ぐためとされる。蠅蛆症は痛みや炎症を引き起こし、死因にすらなる。ミュールジングに関して何より恐ろしいのは、業界が品種改変を重ね、異常なほど皮膚の折り重なった羊をつくりだしたことで（毛を生やす表面積を増やすため）、それが事態をなお悪くした。加えてメリノ種はオーストラリアの生まれではないため、黒蠅にとって格好の餌食になる。農家らは他諸々の福祉上の問題に対処するのと同じ仕方で解決に当たる――麻酔なしで動物を切り刻むのである。オーストラリア以外でも羊は身体損傷に耐えなければならない。アメリカではおよそ九割の子羊が、羊毛の中に糞が溜まるのを防ぐ目的から尾を切られる。

　しかし繁殖や飼育の場所に関係なく羊は羊毛産業に苦しめられる。毛刈りは気候の温かくなる春に行なわれることになっているが、大きな群れを抱える牧場主は早すぎる時期に作業を始め、寒さをしのぐのに必要な覆いを羊から剝ぎ取ってしまう。なので、よしんば毛刈り作業員に殴られ刺されるあいだを生き延びたとしても、かれらは毛のないまま冬の外気にさらされる。オーストラリアでは毎年、毛刈りが早すぎて寒気にさらされ息絶える羊が一〇〇万頭前後を数える。

　畜産業にひそむ暗部の一つは、すべての動物が遅かれ早かれ殺されることである。羊毛用の羊をかくまう引退農場がないのは、乳液のために搾取される牛や採卵業界の鶏をかくまうそれがないのと同じで、運命のいたずらから保護園に行き着く幸運な動物はほんの一握りしかいない。羊毛のために利用される羊は、毛が薄れて儲けにならないとみられたら殺される。三歳か四歳――自然な寿命の二〇年に比べて嘆かわしいほど短い期間――で、羊たちは移送用トラックに押し込まれ、屠殺場へ運ばれる。オーストラリアでは「廃用」羊のほとんどが巨大な船舶に積まれ、何千マイルも彼方の中東や北アフリカへ届けられた後、宗教上の供犧や食物として儀式的に殺される。航海は数週間におよび、暑さやストレス、感染、飢餓で到着までに力尽きる羊は毎年数万頭を数える。

象牙

象は何世代にもわたり、象牙目的の総攻撃を受けてきた。それは西欧一帯に象牙製品を購入する文化が行き渡っていたせいだが、一九七〇年代に需要先は変わり、中国や日本の新興富裕層に属する消費者らが象牙取引を新たな高みへと引き上げた。象牙は指輪、首飾り、ボタン、ヘアピン、ブレスレット、イヤリング等々の装身具にも加工されるものの、際立つのは箸やより込み入った地位の象徴をつくるのに使用される例で、中国の彫像や日本で文書へのサイン代わりに使われる伝統的な署名印、ハンコがそれにあたる。私が見た中で一番悲しかったのは、象牙で彫られた象の置物で、それには二本の牙が生えていた。

象牙取引は野生動物やその身体片を売買する巨大産業の一角をなし、アフリカ象の顔から叩き切った牙を地球の彼方へ密輸する。途方もない残忍さを伴うのに加え、アフリカの最貧困地帯で行なわれるこの違法取引は、そこから生まれる莫大な資金によって、組織化された犯罪シンジケートやテロリスト、将軍、腐敗した政治家をうるおす。

象の密猟は二〇一四年に臨界点に達した。今日では一年に殺される象の数――三万五〇〇〇頭近く

――が生まれる数を超えている。保全論者らの予想では、象牙の需要が減らないかぎり野生の象は二〇二五年までに絶滅するという。

実験に使われる動物たち

人間以外の動物は生物学的・生理学的・行動学的に人と共通項を持つため、動物実験業界はかれらを生物医学や製品試験、教育（医学や獣医学の訓練など）の理想的な道具とみる。研究者らは兎やマウスなどを実験にかけ、その結果をもとに人への効果を予想する。

実験材料としての動物利用は動物の権利運動の中でも特に論争を呼ぶ主題で、二つのサイドが白熱した議論を戦わせている。一方には企業や動物業界や研究者らがいて、かれらは動物実験が医学の発展や治療法の開発、製品の安全性確認を進める優れた手段だと言い張る。さらに、動物実験の肯定派はそれ以外に治療法を開発する手段がない一方、実験はよく規制され、動物は人道的に扱われ、また動物は権利を持たないので実験に使ってもよいのだと論じる。進歩的な人々の共感と支持を得ようと、かれらは動物実験を人権問題とまで位置づけ、これは人間の便益に向けた究極の動物利用だと主張する。

もう一方には、思いやりある消費者や動物実験に反対する活動家たち――科学者や医師も含む――がいて、大きくなりつつあるこの一団は、現代社会に動物実験の役割はないと唱える。かれらの訴えでは、ホモ・サピエンスと他の動物に一定の共通性があったところで、人以外の動物はよい研究モデルにならない。例えばチンパンジーと人のＤＮＡは九九パーセントが同じであるが、エイズの研究者は数千のチンパンジーにＨＩＶを感染させてもエイズの治療法を開発できなかった。単純に、両種の免疫系は違うのである。そこで、動物擁護者は動物実験がまさに人権問題であるという点で肯定派と意見を同じくするが、それは動物実験が人に関する予測を立てる上で当てにならないからにほかならない。考えるべきなのは、動物実験で安全性と治療効果が確認された薬のうち、九二パーセントは人を使った臨床試験で引っかかり、それを通過した残り八パーセントも、半分以上は動物実験で確認されなかった毒性もしくは致死性の作用があると後に判明することである。これはよく言っても、実に悩ましい。より効果的かつ人道的な解決法には、人の細胞や組織を使った試験管研究や、コンピュータを使った病気の模擬実験、臨床試験、それに生活スタイル（食事、仕事、習慣など）と疾病の因果関係を調べる疫学調査（人口調査）がある。

しかし最も重要なのは、これが動物の権利問題だという点である。私たちには力ない者を守る義務があり、そこには実験材料とされない独自の権利を持つ人以外の動物も含まれる。平和な未来を思い描くとしたら、どんなものであれ、人間の便益その他のために動物を拷問する世界など想像もできない。世の流れが動物利用から徐々に離れつつある徴候として、二〇一五年にはアメリカ国立衛生研究所が、長く続いた政府によるチンパンジー実験への資金援助を静かに打ち切り、新しい科学的手法と技術のおかげで研究でのチンパンジー利用はほぼ不要になったと認めた。

一部の国では実験室の動物を守る法律が設けられているものの、実際にはそれらが苦しむ動物の助けとなることはない。一例としてアメリカを挙げれば、動物実験は連邦動物福祉法で規制されているが、同法はラット、マウス、鳥類、冷血動物――つまり研究で使われる動物の九五パーセント――を保護対象としないばかりか、ただ動物の飼育環境と移送を取り締まるのみで、実験そのものを縛りはしない。実験は研究者が妥当と思えばどのようなものも許される。実験室の動物たちは殴られ、吹き飛ばされ、やけどを負わされ、目をつぶされる。飢餓や窒息の責めに遭い、揺さぶられ、撃たれる。釘付けにされ、縛られ、切り開かれる。臓器を砕かれ、四肢を切り落とされ、放射線を浴びせられ、精神を壊される。タバコの煙を吸わされ、アルコールを飲まされ、ヘロインその他、極めて危険な麻薬の数々を盛られる。

幸い、各国は少なくとも一部の動物実験が残酷で不必要であることを認め始めている。インド、イスラエル、ニュージーランド、ノルウェー、韓国、それに欧州連合は、化粧品開発の動物実験を禁止し、他の国々もそれに続くと見込まれる。このように多くの国々が動物を使う化粧品試験を禁じる中、アメリカがその流れに乗るのはいつになるのかと思わずにはいられない。(訳注②)

娯楽に使われる動物たち

娯楽のための動物利用は数千年の歴史を持つが、そこには抑圧者をうるおし観客に束の間の興奮を

訳注2　動物実験の実態と弊害について、詳しくはマイケル・A・スラッシャー／拙訳『動物実験の闇――その裏側で起こっている不都合な真実』(合同出版、二〇一七)を参照。なお、動物実験の規制がずさんという点ではアメリカよりも日本の方が深刻である。アメリカも含め、欧米各国では実験者や実験施設に登録や免許が要され、査察制度や罰則が設けられているが、日本には登録も免許も査察も罰則も一切ない。つまり動物実験を取り締まる規制は文字通りの皆無である。

与える目的しかなく、かたや動物たちは生涯におよぶ拘束と極度の精神的苦痛を負わされる。以下に挙げるほぼすべての産業が、自分たちの提供するものには教育効果があると論じるが、これは実のところ幽閉と繁殖計画を正当化するための建て前で、動物に芸をさせる商売には特にそれがいえる。

水族館、イルカ水族館、マリンパーク

魚や海洋哺乳類を使うアトラクションはまったく人畜無害に思える。それは人々が間近に海洋動物を見学できる場である。シーワールドに代表されるように、鯨やイルカは時にスピーカーが大音響で人気音楽を流す中でも芸をやってのける。ところがこの派手な表舞台の裏には、餌の剝奪から母子の分断にいたる驚くべき虐待の数々がひそんでいる。水族館、イルカ水族館、マリンパークを訪れる人々は、そこであからさまな残忍行為を見たりはしないが、残忍行為は動物幽閉に必ず伴う。例えば鯨やイルカは今日でも基本的に自然界から捕らえられ、生涯にわたって自由を奪われる。かれらは高度な知能と複雑な社会性を具える種なので、監禁されると水槽内をぐるぐる回り続けるなど、しばしば神経症的な行動を示す。

大衆向け水族館が人気を博し始めたのは一九世紀で、当時は人工環境に海洋や淡水の生きものを展示した。建築と水濾過(ろか)の技術が向上して水槽は大きくなったにせよ、無限ともいえる大海原の生物多様性や潮流、自由な生を再現するには程遠く、動物たちは退屈に苦しむ。どれほど設計を良くしたところで水槽は動物たちが自然界で頼りとする重要な感覚を狂わせる。例えば反響定位というソナーのような仕組みもその一つで、シャチやイルカはこれを使って獲物を探り、海を進む。コンクリートに

囲まれた貧相な環境、つまり水族館では、ソナーの音が壁に跳ね返される。「水槽で暮らすイルカはあらゆる感覚器官を狂わされて、それが今度はこの繊細な動物の精神バランスと行動を狂わせるのです」と著名な海洋学者のジャック＝イヴ・クストーは語った。（原注9）

水族館での生活はイルカにとって劣悪だが、それを遥かに悪くしたのがイルカ水族館、すなわちこの海洋哺乳類らを塩素消毒した何もない水槽に監禁した上、ショーのために訓練する施設である。そこに暮らすイルカの大半は日本の和歌山県太地町などで例年実施される痛ましい猟によって家族から引き離され、飼育業者に売られる（今では野生由来のイルカをアメリカに輸入することは違法なので、飼育下のイルカ繁殖ビジネスが需要に応えるべく成長している）。イルカ水族館その他のマリンパークに連れ込まれた、もしくはそこで生まれたイルカたちは、死んだ魚の食べ方を学ばなければならない。それがかれらの食事と訓練中の報奨を兼ねる。これは「オペラント条件付け」という手法で、しっかり反応しないイルカは食事をもらえず、ひどい時には苛立った調教師の殴打を受ける。

こうした虐待は海洋哺乳類テーマパークでも行なわれることで、そこではイルカのみならずシャチやアシカ、白イルカなどの高度な知性を持った種が、金を出す客を楽しませるため、浅い水槽で一生を送る。イルカ水族館と同様、マリンパークも動物のために何ら環境充足措置（エンリッチメント）――岩の構造物や海草の設置など――を施さないのが普通で、それは客の視界の妨げになるからである。なお問題なのは、この動物たちが一般には自然界の社会集団から引き離されることだろう。ただし飼育下で生まれた場合でも、業界はかれらを頻繁に他園へ送るので、まずもってその家族関係を維持できない。のみならず業者は、生涯の愛で繋がる母子をも引き離す。イルカ、シャチ、アシカ、白イルカは、途方もない距離を泳ぎ渡る本能を具えるので、幽閉はとりわけ残酷な悲運となる。

そしてこの環境は死ぬほどつまらない。この上なく単調な一生を強いられたシャチは、退屈を紛らそうと、空間を分ける鉄のゲートや水槽のコンクリート塀をかじる。そのせいで歯が壊れ、歯髄（しずい）が剥き出しになるので、命取りになりかねない感染を防ぐため、マリンパークの職員は可変速ドリルで歯に穴を開け、軟組織を洗い流す。作業中、麻酔は使わない。シャチは明らかに痛みを覚えて、高い声で悲鳴を上げ、身震いし、ドリルを持つ者から離れようと潜っていく。

サーカス

サーカスの動物は人々が移動動物園を見に行っていた時代への退行といえる。サーカス団の移動に使うサーカス列車は、熊、象、ワニ、大型類人猿、大型ネコ科動物などの驚くべき動物たちを、地球の彼方まで運び、小さな村の住人らにさえ、こうした異国の種を間近で見る機会を提供した。しかしながら、芸をする動物の歴史は、人間の「珍品」がともに搾取されていた時代と同じ程度に古い。

当たり前だが、自然界であれば熊は三輪車に乗らず、虎が火の輪くぐりをすることも、象が玉乗りをすることもない。これらの芸をさせるには、身体的な懲罰、剝奪、恐怖、屈服が必要になる。動物たちはしきりに殴られ、蹴られ、刺され、鞭打たれることで服従を強いられる。特に悪名高い虐待は鉤爪棒（ブルフック）の使用で、これは暖炉の火かき棒よろしく竿の先にスチール製の鉤爪（かぎづめ）と鋭い角がついた形をしている。サーカス団員は鉤爪棒の様々な部位で象の敏感な肌を責め、苦しませることで芸をさせる。そう鉤爪棒は棍棒代わりにもなり、団員は動物の頭、顔、脚、胴、後躯（こうく）を殴打して激痛を走らせる。そうした攻撃によって服従させられたかぎりにおいて、「野生」動物の精神は破壊される。これがサーカスで使う象やネコ科動物等々の「調教」の目標である。

サーカスで移動する動物の福祉を調べた研究によれば、かれらは九一から九九パーセントの時間を檻や運搬車両といった囲いの中で過ごし、その広さは一般に、動物園で同じ動物を飼う際に奨励される水準の四分の一しかない。動物園の四分の一の空間しか与えず、そこでこのような生涯の大半を過ごさせるという事実は、ほかのおよそどんな残忍行為にもまして、人間が同じ星の生きものに向ける害意を如実に物語る。象や熊や大型ネコ科動物などが、大テントの下で文字通り狂気におちいり、檻を歩き回る、頭を揺さぶる、しきりに毛づくろいをする、自傷行為に奔る（はし）といった、反復的、神経症的な行動に没頭したところで、何の不思議があるだろう。

映画とテレビ

子供の頃、私は動物ショーを見るのが好きだった。『フリッパー』と『やさしいベン』（邦題は『くまとマーク少年』）は最も好きな二作品で、『ディズニーの不思議な世界』はたびたび森の生きものが人間と関わるさまを描いていた。当時から私は動物が演技をしていると分かっていたが、映像娯楽のためにかれらが負う苦しみなどは知るよしもなかった。

映画やテレビで使われる動物の大半は飼育下で生まれる。チンパンジーや虎のような野生動物が、自然な本能をほぼ完全に否定されると精神に深刻な影響がおよび、ストレスの徴候はサーカス団の動物と同じような異常行動（歩き回る、しきりに毛づくろいをする、など）になって表われる。成長して扱いにくくなったり、歳を取って娯楽での有用性がなくなったりすると、動物たちはペット業者や路傍動物園に売られ、檻の中で衰えてゆく。

食事を取り上げるのは動物役者を調教するための常套手段で、ほかに脅迫、電気棒、棍棒、拳(こぶし)も使われる。事実、動物に演技をさせる上では恐怖が主要な役割を演じ、注視すればそれは大型類人猿の顔に見て取ることができる。勘違いを招くイルカの「笑顔」――ゆるやかに曲がった口の形状によって、かれらがいつでも、小さな水槽の中でさえも、幸せだという錯覚が生まれる――に似て、チンパンジーやオランウータンの「笑顔」も人をあざむく。こうした霊長類が上の歯を剥き出しにするのは、幸せだからではない。これは霊長類学者のいう「恐怖のしかめ面」で、人間の笑顔のように見える。映画、宣伝、あるいは絵はがきに「笑顔」のチンパンジーが映っていたら、画面のすぐ外にはほぼ例外なく、攻撃を匂わせて脅しかける調教師がいるので、恐怖のしかめ面が生まれるのは当然である（ちなみに幸せなチンパンジーは下の歯だけを見せる）。

読者はこう思うだろう――ちょっと待った、映画の最後に出てくる「動物は虐待されていません」の但し書きはどうなんだ、と。実をいえば、このアメリカ人道組合（ＡＨＡ）(訳注③)が発行する認証にはほぼ意味がない。ＡＨＡは映画やテレビに出演する動物や昆虫の福祉を監視するものの、人と予算の制約により、動物が使われる全ての場に立ち会うことはできない。しかも同組織は娯楽産業から多大な寄付を受けているので、これでは事実上、映画業界が自己管理をしているに等しい。実際の動物たちは絶えず映画やテレビショーの制作中に傷つき殺されており、その負傷が故意によるものではない時、あるいは事故の発生時にカメラが回っていなかった時には、プロデューサーがＡＨＡの認証を取得できてしまう。

幸い、これらの搾取は近い将来なくなりそうである。技術の進歩に伴い、映画制作者は特殊効果の魔法に鞍替え（くら）して、調教も撮り直しも不要な生き生きしたＣＧの動物をつくり出す方向へ赴きつつある。

動物園

外から見るかぎり、動物園は至極結構なところに思える。動物たちは食事を与えられ、獣医師の世話を受け、本物の世界に似せた綺麗な小空間に暮らしているように見える。施設によっては現に良質な管理に努めてもいる。が、どれほど優れた動物園でも、実際には動物たちを不適切な人工環境に幽閉しているにすぎない。例えばフロリダ州の一角にある動物園が、どうしたら北極熊の特異な要求を満たせるというのか。いやそもそも、世界のどこにあるどんな動物園でもよいが、どうしたらそれが、自然界であったら走り、昇り、飛び、狩りや餌探しを行ない、好きな相手とつがい、自由な生を送る動物たちの要求を満たせるというのか。

動物園が動物を「コレクション」と称し、その生活空間を「展示スペース」と呼ぶことからは色々な真実がみえる。動物園は保全や教育を掲げるが、本来の姿は利益に駆られた事業体であり、根底には動物たちを家族や環境から引き離す捕獲と取引のビジネスモデルがある。動物の権利とともに人権

訳注３　補遺Ｅで言及されるアメリカ人道協会や動物福祉団体の全米人道協会（ＨＳＵＳ）とは別。

を考える上で重要となるのは、動物園が従来、植民地主義と結び付いている点で、(原注10)侵略国はよその土地の動物たちを征服の戦利品として連れ去り、母国の動物広場に置いていた。帝国は金銀を奪うだけでなく人々の自然文化をもわがものとした。臣民に畏怖を、被征服者に恐怖を植え付けることは、帝国の権力者が理想とするところだった。

動物園は絶え間ない動物供給を必要とするので、飼育下繁殖事業に従事する。そこで生まれた赤子動物は動物園で展示され、さらに多くの客を呼び込む。繁殖事業はそれ自体が問題なのに加え、「余剰」動物を生み出し、路傍動物園や実験施設、狩猟牧場へかれらを売る。狩猟牧場では猟師らがメニュー表から狩猟記念用の種を選び、確実に獲物を仕留める機会を提供される――そこに公平な追撃の倫理などはない。時に余剰動物は解体されて動物園の大型ネコ科動物に与えられる。多くはただ安楽殺される。これはヨーロッパでますます一般化しつつある解決策で、コペンハーゲン動物園を例にとれば、キリンやカバ、さらにはチンパンジーなど、健康な動物を年に二〇から三〇頭も殺している。

動物園は普通、人々の教育という点で社会的に重要な役割を果たしているといわれる。しかしながら相次ぐ調査が、動物園の来場客は動物や環境保全について何も学んでいる様子がないと指摘する。ある研究では、子供たちに「マイナスの学習効果」さえ見られたほどで、(原注11)これは動物園を訪れた児童らが、保全関連の問題について「事態を良くする有意義な行動」がないと感じてしまうことによる。子供は賢く、直感で理解する。かれらは愛する動物について学ぶのに動物園など必要ないことを分かっている。恐竜を考えてみればよい。子供たちは恐竜が好きだが、地球上のいかなる動物園も、ティラノサウルスやベロキラプトルを飼育してはいない。

動物園は都会人が自然と再び繋がる場として親しまれるが、実際のそれは自然界の支配と統制へ向かう人類の欲望のこの上ない象徴といえる（この点は第四章で掘り下げる）。動物園の壁は「私たち」と「かれら」、知性と本能の分割線となる。私たちは動物から分かたれ、それゆえに優れている――というより、そう私たちは考える。客は檻の中の動物を眺めてわずかな儚（はかな）い時を過ごす一方、動物たちは一生にわたり、その目線を見つめ返すしかないとは、何と悲しいことだろう。

動物を食し利用することが問題とは思わないという人に、私は問いたい――何が動物たちに具わっていれば、あなたは踏みとどまるのか。痛み、悲しみ、恐れを感じる能力か。他者と繋がりを築く能力か。知性か。好奇心か。生きる願望か。私たちと同じように、人間以外の動物たちもこれらすべてを持っている。

一部の人々の思い込みとは裏腹に、動物搾取は人間を助けない。それどころか、動物搾取は私たちを私たちたらしめているもの、この人間性を奪うのである。

【原注】

1　この重要な区別は、動物の人格を擁護する生物心理学者ローリー・マリノ博士から教わった。
2　www.msnbc.com/msnbc/the-decline-red-meat-america
3　Nathanael Johnson, "Swine of the Times: The making of the modern pig," *Harper's Magazine*, May 2006.
4　アメリカ子牛肉協会は二〇一七年までに全国の畜産場から子牛の檻を一掃する決定を下した。
5　H. Bernstein, *Without a Tear: Our Tragic Relationship with Animals*, University of Illinois Press, 2004, page 97.
6　Culum Brown, "Fish intelligence, sentience and ethics," *Animal Cognition*, January 2015, Volume 18, Issue 1.

7 http://fishcount.org.uk/

8 http://blogs.nature.com/news/2013/08/experiments-reveal-that-crabs-and-lobsters-feelpain.html

9 William Johnson, *The Rose-Tinted Menagerie*, Heretic Books, 1990, page 182.

10 *Reading Zoos: Representations of Animals in Captivity* by Randy Malamud, NYU Press, 1998 を参照。

11 www.captiveanimals.org/news/2014/09/zoos-neither-educate-empower-children-newlypublished-research-suggests を参照。

第二章　脱搾取

Chapter 2

On Veganism

私たちの食べものには計り知れない残忍が秘められている。
——アンジェラ・デイビス

脱搾取(ビーガニズム)の現代発展史をたどるとすれば、その成長はエベレスト山を登る勢いにも喩(たと)えられると思われ、現に動物製品を拒否するこの生活スタイルへの関心は年々高まりつつある。ウィキペディアを一つの指標としてみよう。二〇〇八年八月、脱搾取に関する英語版ウィキペディアの記事は二万一五三六件の閲覧数を得たが、二〇一三年八月の閲覧数は一四万五三五八件に達した——七倍近くの増加である。もちろん、オンライン上の関心は必ずしも実際の行動を反映するものではないが、それでもある物事の注目度を示す尺度として、こうした数値は無視しがたい。

この上昇の一因は、植物由来の食品が動物由来のそれに比べていかに健康的かを示す証拠が増えてきたことにあるとみて間違いない。しかし脱搾取が人気を誇る決定的な理由は明らかに、動物利用をめぐる意識の高まりにもある。消費者のあいだでは、ただ肉・乳・卵の消費を避けるだけでなく、脱搾取の倫理観にもとづいてマリンパークをボイコットし、動物実験に反対し、羊毛の服を拒否する人々が増えている。[原注1] 脱搾取派(ビーガン)になれば動物搾取ビジネスの金銭的支援をやめられるのに加え、みずからの体を良くし、全体観的(ホリスティック)な食事に戻ることで自分自身にも思いやりを向けられる。

肉、乳、卵、革、その他の動物製品を避けるのは新しい取り組みではなく、例えば一八一三年にはイングランドの詩人パーシー・ビッシュ・シェリーが動物由来の食品に公然と反対する意を表明し、一八四四年にはアメリカの教育家エイモス・ブロンソン・オルコットが事実上のビーガン協会を設立したが、脱搾取に光が当たるのは二〇世紀のことである。一九四四年、乳製品を避ける菜食主義者（ベジタリアン）六名がイングランドに集まり、新しい団体の結成について話し合った。自身らの哲学と生活スタイルを言い表わすため、かれらは脱搾取派を名乗る。こうして慎ましやかに創立されたビーガン協会は、今や世界に数千人の会員を抱えるまでになった。

　多くの人々は脱搾取を一種の断念だと言うだろう。現に脱搾取派の者もよく「私は肉食をやめた」「私は肉・乳・卵を断った」と口にする。が、これは嘘ではないにせよ、脱搾取の本当の意味を適切に伝えてはおらず、それを食事上の苦行か何かのように言い表わしている。脱搾取の本質は断念ではなく、新しい物事——新しい食物、新しい風味、新しい友人——に心を開く姿勢にある。確かに肉・乳・卵（それに蜂蜜）からは手を引くが、食べないものに注目していると脱搾取の喜びを満喫できない上、自分は何かを失っているというメッセージを周囲に発してしまう。脱搾取派が失うものはただ一つ、故意の動物殺害への加担だけである。脱搾取派になれば、食べものにごめんなさいを言う必要はなくなる。

　失うものという点について、ビーガン協会創設者の一人、ドナルド・ワトソンは、二〇〇二年のインタビューで次のように語った。「初めの頃は批判者たちから言われたものです、『あなた方は自分の失っているものを分かっていない！』と。今は分かりますとも。私どもはかれらの持っている実に沢山のものを失っています！　非常に深刻な体調不良、かれらの寿命を何十年も縮めるそれ、若さの絶頂を過ぎるやただちに痛みと病をもたらすそれ、残りの生涯を薬なしではやっていけなくするそれです」（原注2）。私は人々に、脱搾取派でいるのはこれが生死の問題だからだと語るが、理由の一端はここにもある。

食事だけではない

健康のために植物由来の食生活を送る人々とは違い、脱搾取派は食事以外の部分でも生活を変える。もちろん、食事は私たちの生活の大きな部分を占めるので、脱搾取に関わるのは大半が食事の場面となる。それに脱搾取派の多くは食べものを好む。ブログでも話題にすれば、レシピも交換し、最新の植物性チーズの良し悪しも吟味する。町に新しい菜食料理店ができれば、脱搾取派の人々による応援と宣伝に期待できる。本章は大部分を食事の議論に割くが、前章でみたように、動物搾取は食以外の広大な領域にまたがるので、それが脱搾取の倫理にどう関わるかを考えることは欠かせない。

衣類

革や羊毛など、動物由来の衣類に関して、脱搾取派は二者択一の選択をする。すぐにそれを手放す――例えば慈善団体に古着を寄付する――か、あるいは当の靴、ベルト、セーター等々がダメになるのを待って、それからビーガン向けの代替品を探すかのどちらかである。幸い、良質なビーガン衣類をつくる会社は沢山あるので、おしゃれをして快適に過ごすのに革や羊毛の製品を買う必要はない。革に似せた合成素材をつくる技術は相当のもので、私は活動に参加する時、通行人から偽善者と言われてはいけないから一部の靴を履けないほどである。

薬と化粧品

脱搾取派の中には、生活が健康的で病気にならないので、薬もいらず医者の厄介にもならないという人々がいる。まぁ、かれらにとっては何よりだろう。残りの私たちにとっては、薬を飲む飲まないは革のベルトを手放したり牛肉の代わりに豆を選んだりするほど単純な問題ではない。薬には一般に動物性原料が含まれているのに加え、大半の国では薬を流通させる前に一連の残酷な動物実験を通すことが義務付けられている。なのでよしんばゼラチンやラクトーゼのような動物性原料を含まない薬を見つけたとしても、私たちは依然、深刻な倫理的ジレンマに行き当たる。

一つの解決法としては、かかりつけの薬剤師に頼んで調剤薬局を紹介してもらい、そこで動物性の副産物や染料なしの特注薬をつくってもらうことである（薬の大量生産が始まる以前の一九世紀には調剤の方が普通だった）。お金はかかるが、大きな都市なら大抵はそういった専門の薬局が見つかる。あるいは全体観的（ホリスティック）治療といって、まったく薬を用いない治療法を模索する道もある。例えば肩こりがあったら痛み止めを飲むのではなく、理学療法や鍼（はり）療法を試してもよい。私はヨーロッパの旅行中にちょっとした災難があって、長年両足の痛みに悩まされていたが、指圧療法のおかげでそれがなくなった。

最終的な選択肢はもちろん、自分にある。信念を押し通し、下手をしたら痛みで足を引きずったり、ともすると死んだりするのと、生活からあらゆる動物成分を残らず排除するのはそもそも無理だという現実をしぶしぶ認めるのと、どちらが大切か。

薬と違って、化粧品や洗剤、シャンプー、その他の日用品については、法律で動物実験が求められてはいない――よく行なわれるが。この虐待の後押しを避けたければ、製品を買う前に「動物実験はしていません」のラベルがあるか、あるいは有名な涙を流す兎のロゴがあるかを確認しよう。

娯楽

幸い、これはやさしい。脱搾取派は動物搾取ビジネスを故意に応援することはない。「故意に応援」と書いたのは、テーマパークのチケットを買って中へ入ってみると動物がいた、という可能性が常に付きまとうからである。もっとも、娯楽のために動物を搾取する業者は、普通、簡単に見分けがつく。サーカス、動物園、マリンパーク、水族館、イルカ水族館などがその部類に属する。それから、脱搾取派は基本的に、畜産利用される各種動物を呼び物にする農業祭にも行かない。無論、ロデオやドッググレース、競馬など、競技で動物を使ってしばしば死に至らせる「スポーツ」行事は避ける。

こうしたビジネスをボイコットする点で、脱搾取は固すぎるし何の楽しみもないと思うようなら、動物の立場から考えてみよう。娯楽利用が続くのは、人々が動物の搾取されるさまを見ようと金を払うからにほかならない。一方、幽閉産業に変化がみられるのは、動物たちのために人々が声を上げてきたからである。例えばリングリング・ブラザーズ・アンド・バーナム&ベイリー・サーカスが曲芸で象を使うのをやめたのは、活動家や立法府議員が鉤爪棒の使用に反対したからである。ラテンアメリカを中心に世界各国では動物を使うサーカスが禁止されつつある。

脱搾取をつらぬく

脱搾取の生活は気持ちが満たされる。新しい味を知って、健康の恩恵に浴し、動物は害さず、地球への悪影響は最小限に留める。これだけ揃えば、多くの人にとっては脱搾取に移行してそれを継続する充分な理由になる。けれども人によってはもう少し助けがほしい。喪失感を味わわないかが気になる、あるいは自分が外食店で初めて菜食宣言をした時に友人がどんな顔をするか不安、といったところだろう。人々が脱搾取に踏み切らない一番の理由は、難しすぎると感じるせいなので、ここでは移行をやさしくして、脱搾取をつらぬくための助言を行ないたい。

気まぐれじゃない

ビーガニズムは「菜食」といわれることが多いので、一種の減量法と思われるのは無理もなく、特に有名人が三週間の「ビーガン浄化食」で体重を減らしたというような話を聞けばその印象は強まる。が、大半の脱搾取派（ビーガン）は、これが食事法ではなく、実践であり、哲学であり、生活スタイル、政治的立場、思想、さらには宗教だと語るはずで、それというのも脱搾取は、すべての生命が尊くかつ繋がっているという根本的な真実に関わるからである。脱搾取派の誰もがこの取り組みを続けるわけではないものの、動物のためにこれを始めた人は、健康のためにそうした人よりも、その食生活を放棄する可能性が低い。(原注3)脱搾取派（ビーガン）になるのに鉄の意志は必要ない——ただ新しいことに挑戦する意欲があればよい。

ビーガン料理本を手に入れよう

どんな努力とも同じで、脱搾取派になれば新しいスキルを学ぶことになり、中でも料理は肝心な位置を占める。良さそうなビーガン料理本を二、三冊購入するか、地域の図書館で手頃なものを探すかして、週に最低一品、新しいレシピに挑戦して、簡単な家庭料理のほか、おいしい料理のレパートリーを増やそう（私のお気に入り料理本をいくつか挙げると、ロビン・ロバートソンの『ビーガン・プラネット（*Vegan Planet*）』、イザ・チャンドラ・モスコウィッツの『猛烈ビーガン（*Vegan with a Vengeance*）』、ミッシェル・シュウェグマンとジョシュ・ホーテンの『気にして食べよう（*Eat Like You Give a Damn*）』がある）。健康な食事で心身を養うのもさることながら、脱搾取派でない家族や友人においしい料理をふるまえば、菜食がどれだけ充実したものかを教えることができる。優れたビーガン料理本は単なるレシピ集に留まらず、料理の冒険を導く手引書になる。

締め出し

失っているという感覚は誰でも避けたいものなので、脱搾取を何かの断念と考えるのはよそう（もっとも、残忍さは手放すわけだが）。代わりに、よく食べていた動物性食品を少しずつ締め出し、栄養に富む非種差別的な食品に切り替える。つまり、まず健康的な食べものでお腹を満たして、野菜や豆類や果物から必須栄養素を取り込んだ頃には不健康なものが入らなくなっている、という寸法である。

いくらかの食品、例えば牛乳やアイスクリームなどは、豆乳、ライスミルク、ナッツミルク等々で簡単に置き換えられる。肉は高タンパクの野菜、豆類、穀類、例えばケールやブロッコリー、ほうれん草、ジャガ芋、煮豆、レンズ豆、キヌアに代える。どうしても肉の味が恋しくなったら、沢山ある市販の代替品からベジミートボール、あるいはトーファーキー社（Tofurky）やフィールド・ロースト社（Field Roast）の商品を選んでみるとよい。こういったいわゆる「肉もどき」は大抵、塩分を多く含むが、たまに食べる分にはおいしくて申し分ない。また、牛乳や乳清（ホエイ）を含む棒菓子に手を伸ばすのではなく、りんごやみかんを選ぶようにすれば、お腹が一杯になっても一時間後に低血糖でぐったりすることはない。

　動物性食品を減らしつつ健康なビーガン食品の摂取を増やしていけば、満足もでき、不健康な食品を欲しがらなくなってくる。食卓のメニューは限定されるどころか、むしろ多彩になるに違いない。

自然食材を――ともかくメインに

　お前が言うかと言われそうだが、自然食材（ホールフーズ）を摂ろう。自然食材は未加工・未精製の最も自然に近い食材を指し、近所のスーパーの農産物コーナーやばら売りコーナーに置いてある。私の友人のパティ・ブライトマンが使う言い回しを借りれば、自然食材かどうかを判断するには原材料を見る。そこに何かの記述があれば自然食材ではない。自然食材はタンパク質、カルシウム、ミネラル、ビタミン、抗酸化物質、食物繊維など、種々の栄養を摂取する上で最も体に良い食べものとなる。それに風味も強い。私の好みでは、蒸し野菜に少量のオリーブ油と栄養酵母をまぶしたものが筆頭に挙がる。

けれども白状しなければならない。ビーガン食品にはあまりに沢山のおいしいビールやオニオン・リング、それにデザートがある。例えば読者は、ビーガン・チーズケーキを一口でも食べてみたことがあるだろうか。とどのつまり、私たちには多少の楽しみが要る。もっとも、動物成分を使っていなかろうとジャンクは所詮ジャンクなので、私はなるべく食べないように努めている。朝食の定番はケールと冷凍フルーツのスムージーで、これを飲めば元気いっぱいに一日を始められる。とはいえ、昼食前にジムへ行く時にはエナジーバーを携行することもあるが。

しかしビーガン栄養士の常識では、自然食材を食べるのがよい。それを多く摂るには、一週間の食事を計画してスーパーへ赴き、カートに新鮮な農産物を詰め込む。読者が私と同じく、多くの野菜を食べようと心がけたら、週に二度、多ければ三度は、買い物に行くことになるだろう。それから言い忘れていたが、できるだけ有機の果物や野菜を買うようにしたい。それらは一般に有毒の化学物質を浴びていないので、自分の健康にも農家の健康にも良い。

外食

脱搾取派の中には、幸運にも沢山の菜食料理店がある土地に暮らす人々もいる。例えばベルリンやニューヨーク市、グラスゴーに住んでいたら、菜食料理店を探すことよりも、その中からどの店に行くかを選ぶことの方が難しい。けれどもポートランドやオースティンやロンドンがある一方で、選択肢が限られ泣きたくなる町は数えきれないほどある。ただありがたいことに、ビーガン軽食堂は日々増えている。

選べるとしたら、ビーガン企業だけを応援すべきか、それとも非ビーガンの外食店で食べるのもよしとするか。この二択はもちろん各人が考えることだが、私の意見を記しておきたい。原則、私はビーガン料理店にお金を使って、動物を搾取しないことを評価し、その成功を応援する。けれども一方では他の店が菜食料理を出したくなるよう、需要を示すことも大事だと思うので、妻と夕食をとる際に、脱搾取を優先事項としない店を選びもする。近所に新しくできた地中海風レストランでは、妻が店主に、お宅のフムス〔ひよこ豆をペースト状にした中東の伝統料理〕にはヨーグルトが使ってあるのか、だとしたらビーガンではないのだけれど、とたずねた。すると店主は職員の一人に向かい、「フムスには絶対にヨーグルトを入れるな！」と言っていた。

継続は前進に至る

古い諺では、継続は完成に至る〔継続は力なり〕という。これは新しい言語の学習や楽器の練習には言えるが、脱搾取には当てはまらない。というのも脱搾取に完成はないからである。また、あるべきでもない。脱搾取は完成への誓いではなく、最善を尽くすという約束事である。

「完璧」な脱搾取派をめざし、聞いたこともない動物成分をうっかり口にしたら発狂してしまう代わりに、「継続は前進に至る」の考え方でいこう。新しい料理に挑戦し、それを友人や家族と分かち合う。避けられるだけ動物性の副産物を避けながらも、誤って何かを食べてしまった時に自分を責めない。

脱搾取派への転身は、必ずしも一夜にして雑食から菜食に切り替えることを意味しない。確かに人によってはそれもあるが、大抵は時間がかかる。私などは卵にまつわる危害を知らなかったせいもあって、菜食主義者（ベジタリアン）から脱搾取派（ビーガン）になるのに十年もかかった。私と同じように、多くの人にとって脱搾取派になるのは一苦労で、それは、これなしでは生きていけないと思える食べものがあることによる。目玉はチーズだろう。[原注4] チーズが好きな人にはこう尋ねたい——チーズ（あるいは何でもいいが）は別として、それ以外の肉・乳・卵を食べやめることはできるだろうか。その後で、手に入るおいしいビーガン・チーズをいくらか食べてみて、残酷食品から乳離れしていくのはどうだろう。人気の動物性食品に代わる植物由来の食品も長足の進歩を遂げてきた。

　こう考えてみたらいい。あなたが新しいエクササイズを始める時、親指に痛みがあったとしても、「やれやれ、エクササイズをやめよう」とは思わないだろう。親指に負荷をかけずにできるエクササイズはいくらでもあるのだから。つまり、お別れできそうにない動物性食品があっても、それだけで脱搾取への移行をあきらめることはない。試してみれば、あなたの嗜好を満たせる魅力的な植物性食品が沢山あると分かるだろう——そこにはビーガン・チーズもある！

　覚えておいてほしい——脱搾取は終点ではなく、旅路なのである。

栄養

　以下では栄養学上の助言を余さず記すことはしない——それは専門のビーガン栄養士に任せたい——が、脱搾取派の栄養摂取にまつわるいくつかの要点と誤解に触れておく。

タンパク質

私はよく、胸の位置に「VEGAN（ビーガン）」と書かれたシャツを着てジムを訪れるが、それがきっかけで時に面白い会話が始まる。最近のこと、水飲み場に来た男性が私のシャツに目をやって「ビーガンだって？」と言った。「ああ、そうだよ」と私は答える。男性は眉間にしわをよせた。「タンパク質はどこから摂るんだい？」「植物からさ」。私の答を聞いて彼は苦笑した。「おいおい、筋肉をつけて強くなるには肉を喰わねぇと」「それをゴリラに言ってやんな」と私は返した。

菜食に関してよく聞くのは、筋肉や骨、軟骨、皮膚、血液の大事な構成要素たるタンパク質が不足する、という神話である。まず大前提として、人は大衆文化――やジムの人々――がいうほど多くのタンパク質を必要としない。推奨では、健康体重一キログラムあたり〇・九グラムのタンパク質を摂取するのが望ましいとされる。なので健康体重が一七〇ポンド（約七七キログラム）の人は一日六八グラムのタンパク質を摂ればよい。これは大半の脱搾取派にとって容易なことで、この世にはタンパク質に富む実に沢山の豆類、野菜、穀物がある。例えばカップ一杯分の黒いんげん（タンパク質一五・二グラム）、同量のキヌア（タンパク質八グラム）、カップ二杯分のブロッコリー（タンパク質一〇・四グラム）を食べれば、一日の推奨量の半分にあたる約三四グラムのタンパク質を摂取できる。大さじ一杯の植物性プロテイン・パウダーをスムージーに加えるのも、摂取量が気になる人には簡単な解決法としてお勧めできる。

ビタミンB12

タンパク質と違って、脱搾取派はビタミンB12が充分に摂れないことが多い。B12はDNAの生成や神経細胞の維持に求められる。B12に関しては、どこに由来するのか、なぜ動物にはこれがあるのか、植物からの摂取は可能かなどについて、諸説紛々としているので、私であったら単純にこうアドバイスする――「B12サプリを摂ろう！」。詳しくはVeganHealth.orgやTheVeganRD.comを参照してほしい〔なお、ノリはレバー以上のB12を含有する〕。

ビタミンD

ビタミンDは骨に必要で、適切なカルシウムの吸収を助ける。ビタミンDを得るには人類の祖先と同じく、日光を浴びればよいのだが、多くの人は外に出る時間が少なく、特に冬は外出が減る。二〇世紀初頭に仕事場が室内へ移っていくにつれ、ビタミンD不足は人々の健康問題となり、牛乳が栄養強化されるに至った。今日では牛乳がビタミンDの自然な摂取源として優れていると一般に思われているが、栄養強化された食品の中で特に牛乳が優れているわけではない。実際、様々な豆乳、ライスミルク、ナッツミルクがビタミンDを含む。脱搾取派に不足しがちなのは酵母からつくられるビタミンD2で、栄養強化食品やサプリがその摂取源となる。ビタミンD3は一般に羊毛から抽出される。

カルシウム

骨や歯の健康に必要なカルシウムは牛乳からしか摂取できない、と消費者が思い込んでいれば酪農業界にとっては願ったり叶ったりで、現に業界は人々にそう信じ込ませようと巨額を投じている。しかし実際には、緑色葉物野菜のケールやクレソン（オランダ辛子）、コラード、ほうれん草、それにブロッコリーやアーモンド、オレンジ、豆類には豊富なカルシウムが含まれる。栄養強化した豆乳もよいが、カルシウムが底に沈むので飲む時にはパックを振るようにしよう。

鉄

鉄は全身に酸素を運ぶ赤血球のもとになる必須ミネラルで、大半の人は、鉄といったら肉と思っているが、緑色葉物野菜、豆類、豆腐、螺旋藻（スピルリナ）、種子、ナッツ、全粒穀物も鉄を含む。あるいは栄養強化食品、例えばシリアルなどもある。

植物性食品は二種ある鉄のうち一種、非ヘム鉄だけを含むのに対し、動物性食品は非ヘム鉄とヘム鉄の両方を含む。非ヘム鉄はヘム鉄よりも人体での吸収率がわずかに劣るので、脱搾取派は鉄に富む食物を組み合わせるよう心掛ける必要がある。鉄が不足すると貧血になり、疲労感や食欲減退、肌の蒼白化、低体温といった症状に襲われる。

鉄の吸収をぐんとよくする一つの方法は、鉄とともにビタミンCを摂ることである。この組み合わせは文化的に昔からあったもので、ファラフェルとトマト、フムスとレモンジュース、豆とトマトのスープ、といった例が挙げられる。栄養士の勧めでは、食事で鉄を摂る際に最低二五ミリグラムのビタミンCを取り入れるのが望ましく、これは一皿分のブロッコリー、芽キャベツ、キャベツ、カリフラワー、ピーマン、あるいはトマトに相当する。柑橘類の実や果汁ならこの二倍を摂取できる。

オメガ3脂肪酸

オメガ3脂肪酸は血液凝固を調整し、脳の細胞膜をつくるのに必要な栄養素で、雑食者はその大半を魚肉や鶏卵から摂取する。オメガ3脂肪酸はビーガン食品の多くにも含まれるが、最良の摂取源といったら、くるみ、亜麻仁(あまに)粉末、亜麻仁油、チアシードだろう。ビーガン・サプリメントも利用できる。

大豆食品

豆腐をはじめとする大豆食品はタンパク質に富み、アジアの人々には昔から親しまれてきた。欧米圏では肉もどきや菜食チーズの原料としても多量に使われる。ところが大豆は大論争の的で、中でもこれが乳癌(にゅうがん)の原因になるという説がその火種になっている。一部の記事が引用する研究では、大豆が細胞レベルで腫瘍(しゅよう)の成長を速めうることが示され、また別の研究では、むしろ大豆が抗腫瘍効果を持つとの結論が示されてきた。

大豆絡みの人騒がせな煽りの多くはウェストン・A・プライス財団(WAPF)を出所とするもので、同財団は動物性食品に富む食事を擁護している(かれらの言っていることの中には、コレステロール値の高い人は「最も長寿」などという説もある)。資金提供元の業者がビーガン食品のせいで市場シェアを失いつつあり、ビーガン食品の中には今や年間売上高が数十億ドルにもなる大豆製品があるので、WAPFは長年にわたり「大豆の暗部」を訴え続け、大豆を「第二のアスベスト」と呼んでいる。

大豆をめぐるヒステリーにだまされてはいけない。ビーガン栄養士は一日二人前の大豆を食べても全く問題はないと言っている（大豆一人前は豆乳一杯〔二三六グラム〕、ないし豆腐、テンペ、大豆、「大豆肉」半杯に相当）[原注5]。

旅行

旅慣れたビーガン旅行家が口を揃えて言うように、出かけるに先立って少し調べ物をすると、ビーガン対応の料理店を探す上で大いに役立つ。例えばHappyCow.netは世界の菜食軽食堂のリストとレビューを載せているので、私は新しい土地へ向かう時にはこのサイトを訪れ、地元の料理店リストを印刷しておく（スマートフォンを持っている人なら飛行機の中でこういったリサーチができるだろう）。ビーガン料理店のなさそうな町に来た時は、中華、エチオピア、イタリア、メキシコ、タイ料理店を探すと、ほぼ間違いなく食べられるものが見つかる。あるいは、スーパーで新鮮な農産物やパンなど、調理不要の食べものを買う手もある。それから、旅行時には念のため、小さな缶切りと台所用品を持って行くのがよい。

航空会社や鉄道会社は、食事を提供する場合でも基本的にビーガン対応の用意はないので、長時間のフライトや電車旅行の折には、弁当を持参する必要がある。私のお勧めでは、旅行に耐える食べものとして、大きなサンドイッチや丈夫な果物（りんごやみかんなど）、人参、ナッツ、ドライフルーツ、エナジーバーをパックするのがよいと思う。あるいはスープやヌードルのような、インスタントのカップ入りビーガン食品もある（電子レンジで温める必要のないものだけを買うよう気を付けよう）。私の経験では、客室乗務員や電車の食堂車スタッフはこうした食品に喜んでお湯を注いでくれる。ピーナッツバターやフムスは良いおやつになるが、一〇〇ミリリットルを超える容器に入っていると、空港の保安検査で液体とみなされ没収されかねないので注意が必要である。小分けパックのものを買うか、小さな容器に入れるかしよう。私は折り畳みボウルとスプーン、インスタントのオートミールを持って行くこともあって、これにレーズンを少々加えればおいしい食事を堪能できる。

酒類

ビーガン生活を始めたばかりの人が大抵ショックを受け、少なからず暗い気分になるのは、一部の酒類にも動物由来の成分が含まれていると知った時である。次のようなものがそれにあたる。

- ゼラチン――骨、皮膚、蹄（ひづめ）からつくられるコラーゲン。ワインを清澄（せいちょう）する際、タンニンを吸着させて渋みを取り除くため一般的に使われる。
- アイシングラス――魚の浮き嚢（ぶくろ）からつくられるゼラチンの一種。ビールやエールの多くは不純物を取り除く際にアイシングラスを使う。
- 卵白――ワインの清澄に使う。
- キチン――えび、蟹の甲羅に含まれる成分。同じくワインの清澄に使用。

・コチニール――カーマインとコチニールは貝殻虫の一種、エンジ虫から抽出される色素で、ワインや食前酒カンパリの着色料に使われる。原材料の欄に「天然紅4号」と表記されることもある。

でも大丈夫！　ビーガン酒に不足はない。動物を苦しめないビール、ワイン、リキュールについてはBarnivore.comのリストを検索のこと（頻繁に更新）。

脱搾取派と動物の権利活動

ビーガン生活の効用を知ったら、多くの脱搾取派がそれを他の人々と共有したくなるのは当然といえる。ビラ配りやテーブル展示で人々に情報発信するのも一つの方法だが、家族や友人に菜食料理や菜食デザートをつくる手もある。

ビーガン食品を他の人々と共有するのは楽しい。けれども動物活動は――実り多いにせよ――大抵は骨が折れる。一体だれがサーカスや屠殺場のそばで抗議の看板を手に立っていることを楽しめるというのか。活動家がそれをするのは楽しいひとときを送るためではない。他者を助けたいと強く願うからである。私は動物を拘束する遊園地の前で定期的に抗議を行なうが、それなら遊園地のジェットコースターに乗って土曜日を過ごす方がずっとよい。私はただ、動物を搾取する事業をそうと知りながら支援したくないだけである。

カナダ、イギリス、スペイン、アメリカなどの政府は、特定の動物解放活動に「国内テロリズム」

の烙印をおす。ＦＢＩに至っては動物の権利運動を「国内最大のテロ脅威」とまでいう――右翼の過激派と違って、動物擁護者が人を殺した前例などは一つとしてないにもかかわらず、である。

「テロリスト」のレッテルを貼られるという不安は、人々を活動参加から遠ざけかねず、まさにそれを狙って、全米肉牛生産者協会、全米毛皮協会、全米生物医学協会、鶏卵生産者連合、海洋哺乳類公園・水族館連盟、および悪党リストに連なるその他の特別利益団体は二〇〇六年、合衆国議会に動物関連企業テロリズム法（ＡＥＴＡ）の可決を迫った。ジョージ・Ｗ・ブッシュの署名によって成立した同法は、動物関連企業に干渉する、ないし経済損失をもたらすあらゆる行動を禁止する。もっとも、すでに侵入や財産損壊を伴う活動は違法なのだから、同法は法体系の中の蛇足であり、これによって動物解放戦線のような地下組織が活動を躊躇することはまずありえない。したがってＡＥＴＡは実のところ、動物搾取に金を注ぎ込む業者らが活動家に恐怖を与え、かつ自分たちが工場式畜産場や実験室、観光アトラクション、毛皮用動物養殖場で犯している蛮行から人々の目をそらそうとするための試みにすぎない。

人権弁護士の中には、動物を金に変える機関や外食店も動物関連企業に含まれうるので、それらに経済損失をもたらす活動はＡＥＴＡのもとに起訴されるおそれがある、と警告する者もいる。つまりマクドナルドの前で脱搾取を勧めるチラシを配ったり、マリンパークのボイコットを呼びかけるだけでもテロリストとして訴えられかねない、とこの弁護士らは言う。しかしＡＥＴＡは「合法の経済的妨害行為」を特別に除外しているので、ビラ配りや抗議の最中に逮捕される可能性はごく小さい。

すでに活動家の逮捕へと至っているのは、畜産場や屠殺場の内部を撮影する行為である。俗にいう

「畜産猿轡（さるぐつわ）」法は、動物虐待を写真や動画に収める行為を犯罪指定するが、そうした撮影記録は活動家たちにとって、閉ざされた扉の奥で何が起こっているかを消費者に知らせ、往々にして虐待に関与した労働者を訴えるための手段となる。あいにく、起訴されるのは基本的に動画に映っている人間なので、末端の労働者が逮捕される一方、日々の業務や技術指導に責任のあるオーナーや経営者は潔白とされてしまう。これは喩えていえば、歯医者へ行って病気の歯に麻酔をかけてもらうだけで歯根管を治療しないようなもので、しばらくは楽になるが、問題はなくならない。多くの面で、起訴される労働者たちはかれら自身、動物を搾取する当のシステムの犠牲者となっている（この点は第三章で詳しく扱う）。

畜産猿轡法はアメリカの諸州で制定され、他の国々もこの手法で透明性や説明責任をなくすことに関心を示している。もっとも一部の議員らが論じるように、こうした法案を通すこと自体が、業界は何かを隠したがっているというメッセージを外へ発信するのだが。議論の中でよく見落とされるのは、なぜ活動家や内部告発者がみずからの自由を危険にさらしてまで動物たちの苦しみを記録するのか、という点である。前章でみたように、動物たちは食品その他の「製品」に変えられる過程で、想像もできない虐待にさらされる。この虐待の暴露へ向けて秘密調査に乗り出す動物解放活動家たちは、動物関連企業の中で犯される兇行の方が、それを収録する行為よりも遥かに悪質だと信じている。（訳注①）

訳注1　動物擁護に携わる活動家が過激派やテロリストとして弾圧される現象についてはジョン・ソレンソン／拙訳『捏造されるエコテロリスト』（緑風出版、二〇一七）を参照。

従来の脱搾取を超えて

脱搾取派（ビーガン）はごく最近までほんの少数派だったので、多くの人々は「vegan」という単語の発音すら知らなかった。今日では人気の料理本がケールの素晴らしさをたたえ、ビーガン料理店が雑食にこだわる人々をも喜ばせ、新しい植物性食品が街角のスーパーで売られだしたほどなので、脱搾取は異端から主流に至った、もしくはかなりそこに近づいたと言ってよいと思う。過去は序章にすぎない。私たちは経済の原動力になった。今や脱搾取の向かう先を批判的に見据える時である。

残念ながら、従来の脱搾取派は人でない動物の権利を訴えるのに一生懸命で、解決の鍵が種差別と他の抑圧の共通基盤にあることを把握できていない。脱搾取派になることが思いやりの実践であるなら、本当の脱搾取の倫理は思いやりをすべての存在に広げなくてはならない。他者の抑圧から利益を得ることを望まないという理由で脱搾取派になったのなら、何者の抑圧にも加担するまいと考えてこそ理にかなう。これが私たちの道徳的使命に違いない——種類を異にする不正の絡み合いが「交差性」という語で捉えられるよりもずっと以前に脱搾取の創始者たちが掲げた、平和と平等と自己実現へ至る道である。

この運動には有名な言葉がある——動物の権利は人間の権利。これはスローガンやボタン、Tシャツ、ステッカーにも使われる。動物活動家に人気の掛け声もその思いを訴える。「一つの奮闘、一つの対決！　人間に自由を、動物に権利を！」。では日々の活動はどれだけ真摯にこの態度を反映しているか。それほどでもない、と私なら言う。一部の動物活動家は公然と人間に敵意を向ける。それどころかかれらはレイプを模して動物搾取に関する主張を訴えるなどの振る舞いで悪名を買ったり、脱搾取を促すために人の体型をののしったりする。しかしながら、もし私たちが相互連関する抑圧のシステムを解体したいと望むのなら、他を顧みずに一つの社会正義問題を解決する有効な手立てはないと知ることが要（かなめ）になる。

動物の権利運動が主張する通り、人間と人間以外の動物に道徳的な区別はないとするなら——動物の権利が本当に人間の権利であるというのなら——、理の当然として、私たちはすべての種の解放に努めるべきだろう。この解放運動を受け入れる鍵は、動物とともに人間をも抑圧する支配のシステムにある。すなわち、種差別は人種差別、性差別、同性愛差別、年齢差別、ユダヤ人差別、階級差別、体型差別、障害者差別、その他と本質的に繋がっている。これらの抑圧は同根なので、人種や性や宗教などの社会的分類による差別を許す社会が、人間以外の動物の搾取を拒むなどということはありえない。

有色人種、先住民、フェミニスト、平和活動家をはじめ、解放と平等のために戦う人々は、私たちが目を覚まし、自分が欲するところの敬意と尊厳をすべての者に認めるよう懇願してきた。私たちは今こそ、新しい社会正義の構想へ向かわなければならない。

【原注】

1　例えば Laura McVicker, “SeaWorld attendance and revenue continues to decline,” NBCSanDiego.com,

February 26, 2015; Natalie DiBlasio, "Celebs join the fight against animaltested cosmetics," USAToday.com, March 13, 2013; and Clint Jasper, "Lower production, changing fashions drive down sales of woollen clothing" abc.net.au, December 4, 2014 を参照。

2 https://www.vegansociety.com/sites/default/files/DW_Interview_2002_Unabridged_Transcript.pdf.

3 Alexandra Sifferlin, "These Vegans Are More Likely to Stick With It," Time.com, April 6, 2015.

4 これはチーズに含まれるカゼインというタンパク質のせいと考えられる。カゼインの消化時に生成されるカソモルフィンは、人体に対し麻薬的な作用を持つ。チーズは牛乳よりも濃厚なのでカゼインの含有量も多く、他の乳製品以上にカソモルフィンを生成する。

5 http://jacknorrisrd.com/response-to-not-soy-fast/ を参照。

第三章　人間の権利

Chapter 3

On Human Rights

見てほしい。かれらは誰を打ち、誰を食べているのか。
——マージ・ピアシー

一部の研究者によると、動物搾取と他の抑圧システムの絡み合いは一万一〇〇〇年からそれ以上前、食料を求めて移動を繰り返していた人々が農民となって動物を飼い馴らし、狩猟が農牧へと変わった時代にさかのぼる。(原注1) ことに経済思想家フリードリヒ・エンゲルスの理論によって成立が説き明かされた父権制の家族では、妻が夫に仕える女中となり、夫が世帯を取り仕切り、動物は男子の跡継ぎに相続される私有財産となった。(原注2) この理論は動物支配が他の人々の非人間化と抑圧を招いた過程を説明するのに役立つ。私たちは動物の抑圧が人間の抑圧を容易にすると知った。どちらの関係においても、暴力は統制のために使えるという暗黙ないし公然の了解が存する。

あらゆる残忍行為や被差別集団を直接に比べようというのではない。ここで示したいのは、これらが類似の征服構造をなし、共通の起源を持つことである。それは父権制、すなわち男性による女性と自然の支配に求められる。法律、伝統、儀式、習慣が男性を中心にめぐり、この男性らが女性の役割を決める社会は、そのかぎりで父権的だといえる。父権制の思想は白人至上主義と共通する価値観を擁し、人種差別に似通ったものとなる。

「父権制」という言葉は若い頃から耳にしていた言葉ではないが、その点では「中産階級」や「白人の特権」も同じで、これはおそらく、私が誰言うとなくそれらを自分の属性と考えるようにみられていたせいだと思う。今や普遍的な思想となった父権制のシステムは、新石器時代にはとても想像できなかったであろう結果をもたらした。

父権制と特権

父権制は概念であり、世に広まったあらゆる概念と同様、時間をかけて発達した。裏を返すと、今あるシステムは常に規範だったわけではない。それ以前に何があったかは推測になる。支持も批判もある一つの見方によれば、初期の人間社会では女性が大権を握っていた。ヨーロッパで活動した一九世紀の人類学者らは、女神崇拝の跡を母権制社会が存在した証拠とみた。それは平和的協働と共有を特徴とする平等主義の文明で、母が家長を務め、子宝を儲ける力ゆえに慕われていたとされる。が、新石器時代の女性がどのような役を務めたのであれ、動物農業が現われると経済的余剰が生じ、私的所有の概念が芽生えた。男性は「家の主」となり、女性、子供、飼われる動物を支配した——「牧夫業（animal husbandry）」という語の起源である。

父権制は宗教儀式、政府構造、法制度、社会的価値観を通して日常生活の中に深く組み込まれた。こうして制度化された男性支配は文字通りの王権となったが、その構造には序列がある。一般に男性は女性よりも権力があり、世界の北の男性は南の男性よりも権力があり、優位な経済階級にある女性は不利な階級の男女よりも権力があり、有色人種、子供、貧困者、年配者、障害を持つ人々は最も抑圧される地位に置かれやすい。

こうした社会的不平等を念頭に置けば、種差別と並んで人種差別や性差別といった差別習慣が生じることは容易に理解できる。もっとも、抑圧に共通性があっても連帯が築かれるとは限らない。一例を挙げると、何代にもわたって黒人は白人から「動物」と称され蔑（さげす）まれてきた（ヨーロッパでは白人のサッカー観戦者がグラウンドの黒人選手にバナナを投げたことすらある）。すると、自分たちがいまだ人間とみられていない中、そうした人々が動物の権利を考える気になりにくいのは無理もない。同じく、動物擁護はフェミニズムの自然な延長だと論じられる――雌鶏や雌牛は卵や乳液のために搾取され、女性の身体と人間以外の動物の身体はともに消費用の「モノ」「肉片」として客体化される――が、動物の権利論者ジョーン・ダネイヤーの指摘では、フェミニストらは従来、女性と動物（「雌豚」「雌牛」「ひよこ」など）の同一視が非人間化の手法とされることを理由に、動物の権利論をしりぞけてきた。(原注3) 一部の動物解放団体が用いる性差別的な戦術も良い方向には働かなかった。

こうしたフェミニズムの伝統に別れを告げたのがエコフェミニズムの運動で、その見方によれば、支配は断絶と断片化が生じているところでこそ最高の力を発揮する。(原注4) そのため、この運動は人種差別、性差別、階級差別、障害者差別、植民地主義、異性愛中心主義が種差別と絡み合う実態に目を向ける。すなわち、畜産業による未登録移民労働者の搾取、(訳注①) 牛成長ホルモンｒＢＧＨと乳癌の関係、自然征服の企てである狩猟、動物の権利運動にみられる女性の客体化、環境正義に関わる脱搾取（ビーガニズム）、科学の発展に進んで身を投じる「実験動物」の神話、その他もろもろである。

父権制の社会システムでは、人間の女性も他種の雌も、みずからの身体の所有権を認められない。したがって権力者は他種の雌を人間の快楽のために監禁し操作するだけでなく、偏見にもとづいて他者の十全な権利と自由を否定する。キャロル・J・アダムズ、グレタ・ガード、ローリー・グルーエン、パトリス・ジョーンズなどのエコフェミニストらは、これらや他の抑圧形態が相互作用するさまを全体的に考えることが、解決へ向けた協力戦略を生むと論じる。「時に『ユートピア的』あるいは『詰め込み過ぎ』ともいわれるが、エコフェミニズムの理論は相互作用する抑圧の諸力を告発しかつ糾弾することで、これらの問題を単独で考える態度の陥穽を浮き彫りにする」とアダムズ＝グルーエンは編著『エコフェミニズム――他の動物と地球に交わるフェミニズム』（二〇一四）の序論で述べる。「このアプローチはさらに、主流の『動物の権利』論による種差別の扱いの欠点をも明らかにする」。

　権力の由来は父権制だけでなく特権にもあり、後者はそれのおかげで自分がどんな恩恵を享けているかを人々の意識から覆い隠すことで、問題を見えなくしてしまう。特権は様々な種類に分かれる――男性の特権、性の特権、白人の特権、身体の特権、経済の特権、英語話者の特権、階級の特権、健康食の特権、教育の特権、身長の特権。社会がつくる枠組みはこうしたカテゴリーのもと、特定の人々を（しばしば本人も気づかない形で）不当に有利な立場に置く。男性である、白人である、背が高い、有利な階級に属している、といったことはそれ自体で人を悪者にするわけではない。問題は持って生まれた属性ではなく、そのもとで何をするかである。特権者は（私も含め）多くのことを当然視する。しかも特権は目に見えないので克服が非常に難しい。

訳注1　「不法移民（illegal alien）」という表現は、それに該当する人々の社会的背景を無視し、ただ法に触れているという側面のみを強調する点で抑圧的なので、アメリカでは「未登録移民（undocumented immigrant）」という代替表現を用いる。

自分の特権を批判的に振り返るには、昔から当然と思ってきた考えに向き合い、自分の行動や消費習慣が、みずからの支持する価値観をどう損なっているかを問わなければならない。例えば白人である自分が、有色人種の人と脱搾取の推進活動をしようと思った際に、相手独自の文化的な経験や個性を意識できているか。自分が農家市場で農産物を買うからといって、誰もがそうできると考えるのは禁物である。それどころか、誰もがそこでの買い物を望んでいると考えるのもいけない。同じく、ある人が社会の構築する「理想」体型に合わないからといって、その人を不摂生な人間と思ってはいけない。私には、もっぱら白人からなる社会を生きる黒人女性が、日々の暮らしでどんな経験を送っているかは決して分からない。けれども尊重を心がけることはできる。話す以上に聴くことはできる。人種差別や性差別が実在して世に蔓延し、人種や性を問わずすべての人々を傷つけることは肝に銘じていられる。エゴを離れ、他人に特権を指摘された時に自己弁護に回らないよう努めることはできる。他者を支援する活動が、ある集団を別の集団に同化させる試みでないことは意識できる。自分には沢山の課題があると悟り、よく犯す過ちを認めることはできる。

多くのビーガン活動家がこの問題に着目していて、例えばシスター・ビーガン・プロジェクトのブリーズ・ハーパー、ＶＩＮＥサンクチュアリのパトリス・ジョーンズ、それに私の妻でフード・エンパワメント・プロジェクトに属するローレン・オーネラスもその中に数えられる。ここに綴る知見の多くは彼女たちから学んだことで、読者もぜひ、その著作物や講演、発表を探してみてほしい。ブリーズ・ハーパーが話してくれた重要な点を一つ挙げると、白人活動家の多くは、白人という属性が他の人々を仲間に入れる受容力の妨げになっている事実を自覚できてない。「難しいのはかれらに分からせることです。本を手に取るか学習会へ行くかして、二一世紀の批判的人種理論を学ばないかぎり、かれらは自分たちの活動がなぜ仲間の輪を広げられないのか、なぜ同盟や連帯を築けないのかについて、問題の根を探ることができないでしょう」とハーパーは語った。「リベラルな善人を自認する人々は、自分たちが問題の一部だということや、自分たちの活動が狭量だといったことを聞きたがりません」。

自分を変えるのは容易でなく、動物活動家に関わる特に厄介な特権に、種の特権がある。これは人間以外の動物に対する人間の序列的優位のことではなく――それが動物解放の活動家を悩ませるのは確かだが――、みずからを擁護できない集団に代わって声を上げる行為に伴う予期せぬ結果のことをいう。なるほど動物たちは叫んだり反撃したりなどして搾取を拒む意思を明確に表わすが、動物活動家は一般にかれらの社会的な代弁者となり、抑圧される鶏、豚、牛、魚、兎、その他の動物に自分を重ね合わせる傾向がある。私たちは動物たちに感情移入し、かれらだけは唯一、誰も抑圧しない一方、脱搾取派（ビーガン）でないすべての社会正義活動家から抑圧される存在だと考える。平和活動家のアンドレア・スミスが論じるに、動物擁護者らはこの筋書きにおいて、自分たちこそが誰も抑圧せず、ただ他者から抑圧される存在なのだと思い込む。この思考は連帯を築く妨げになる。私たちは特権の責任を逃れ、気後れせずに他の社会正義運動と有意義な同盟を結ぶことができなくなる。ワシントンDCで開かれた動物の権利会合でパトリス・ジョーンズは述べた。「覚えておきましょう。あなたは違います。家禽檻（バタリーケージ）に閉じ込められた雌鶏ではありません。妊娠豚用檻（ストール）に閉じ込められた雌豚でもありません。あなたは有色人種が不釣り合いに多く監獄に閉じ込められている国に住む一人の白人なのです（原注5）」。

私たちが持つ種々の特権について考える際、健康的な食物を得られるかという点はしばしば見逃されるが、これは動物の権利と人間の権利が交差するもう一つの場面である。倫理的食生活を促す中で、一部の脱搾取派は「私ができるんだからみんなができる」「脱搾取は本当に簡単なんです」といったことを口にする。が、こうした発言はいただけない。まず、料理本や脱搾取に関する情報源を得られること——どころかインターネットを使えること——は大変な特権なのであり、菜食料理をつくる時間があることも同じく特権である。そもそも、文字を読めること自体、特権に数えられる。けれども多くの人々にとって、なかんずく有色人種や低所得者層の地域に暮らす人々にとって、脱搾取を始める上で最大の障壁となるのは地元のスーパーで健康的な農産物を買うのが困難なことだろう。かれらはそこでの買い物を余儀なくされるが、こうした店は主に酒類や菓子を売るだけで、新鮮な果物や野菜をほとんど置かない傾向があり、健康的な食物がほしい住人は遠くの食料品店まで出向かなければならない——誰もができることではなく、まして遅くまで働く低収入の、公共交通機関を頼りとする人々にはできない相談である。これらすべての障壁に加え、ビーガン食品は値が張りやすい。したがって家族を養うにはファストフードを買うのが費用効率もよく便利ということになる。

「これは世界的な問題です」とローレン・オーネラスはいう。「カナダのファースト・ネーション〔イヌイットを除く先住民〕にとっての問題です。ニュージーランドのマオリにとっての問題です。アメリカの有色人種、特に黒人やラテンアメリカ人が暮らす地域にとっての問題です。これはそうした地域で脱搾取について語る際、大きな争点になるでしょう。人々は『どうして動物の権利運動には有色人種が少ないのか』と言います。新鮮な果物や野菜の入手すら叶わない人々を前に、ビーガン食品について語ることは侮辱的となります。この入手の難しさは食の抑圧の一種といえます。食のアパルトヘイトです」。

人権と「倫理的商品」の神話

健康的な食物は万人にとって生活の質の中心をなし、それを手に入れられることは特権ではなく権利でなくてはならない。ただし続きがある。皿に載せる食べものが脱搾取の倫理にとって大きな位置を占めるのだとすれば、私たちはその食べものが往々にして人間を貶め傷つける不平等を背景に持つと知らなければならない。農場労働者、子ども、先住民、奴隷労働を強いられる人々は、総じて白人男性を利する制度化された序列のもと、基本権を無視されている。この人々は通例、極度の暴力にもさらされる。したがって今度は、動物成分を含まない製品は抑圧の産物ではない、という神話を正す必要がある。この神話が本当なら食は大いに思いやりある実践となりうるが、妻のローレンがよく言うように、「ビーガン」は必ずしも虐待と無縁であることを意味しない。

農場労働者

果物、野菜、豆類、穀類をすべて自家栽培するのでもなければ、世界の農場で汗水を垂らす人々に多大な借りをつくることになる。もちろん、かつては食物の自給が当然だったが、今日の私たちは食べものの大半を輸入する。読者が朝に飲んだコーヒーはベトナムやコロンビアで栽培された豆を使っていたかもしれず、シリアルに載せたバナナのスライスは先週まで中米にあったかもしれない。ブラジルはオレンジジュースと砂糖の生産が世界最大の国であり、インドは米の輸出が世界最大である。人参が好きなら中国やロシアの農場労働者に感謝すべきかもしれない（アメリカは第三位の生産国）。このグローバル・システムがあるおかげで、栽培シーズンの短い農産物が近所の食料品店で年中購入できる。

食物の出所がどこであれ、その背景には一般に、過酷な労働条件のもと果物や野菜を手作業で植え、育て、摘み取り、パックに詰める男女や子供の働きがある。この人々は今日、頻繁に土地を追われる世界の南の小規模農家であり、働き口を求めてオーストラリア、カナダ、EU、アメリカ、その他の国々に渡っている。かれらは農場で毒性の化学物質や雇用主のハラスメント、それに大抵はひどい気温にさらされながら、何とか生きていこうと必死に働く。すでに世界でも最悪の苦境に置かれている農場の移住労働者や季節労働者たち（農作業の仕事を求めて各地を転々とする人々、あるいは地元の農場で季節労働に携わる人々）は、過酷な生活条件、低賃金、劣悪な労働にさいなまれる。辱め（はずかし）に加えてケガも負い、法的権利も不充分とあって、農場労働者の仕事は世界で最も危険な業種の一つとなっている。

命取りとなりうる猛暑の野外で働く一方、労働者らは裂傷、呼吸器疾患、黒色腫（メラノーマ）、さらに騒音が原因の難聴をわずらう。有機でない農場（また一部の有機農場）では農業用化学物質に曝露されるが、これは一般的な果物や野菜の生産に農薬、砒素（ひそ）化合物、化学肥料、溶剤などの毒物がふんだんに使われることに原因がある。こうした化学物質に接することで生じる長期の慢性影響には、前立腺癌（がん）、非ホジキンリンパ腫、白血病、神経障害、生殖異常、深刻な先天性障害の伝播が含まれる。それを思えばアメリカの農業労働者の平均寿命がわずか四九歳なのも驚くには当たらない。(原注6) これは同国の一九〇三年の水準である。

特に油断ならない危険は、女性労働者を絶えず脅かす性的嫌がらせと身体暴力だろう。孤立していて、権利の知識がなく、法的地位を持たない未登録移民の女性は性犯罪者から「理想的な獲物」とみられる。犯行者は普段から卑猥な言葉や侮辱的な言葉で犠牲者をあざけり、やがて性暴力に手を染める。スペイン語話者の女性農場労働者らは、農場を fils de calzón、「パンティーの畑」と呼ぶ。労働者に対する性的嫌がらせの規模を調べた研究は少ないものの、断片的な証拠からはその蔓延ぶりがうかがえる。カリフォルニア州で実施された希少な研究の一つによれば、女性農場労働者の四割近くが性的嫌がらせを受けたことがあると証言している。(原注7) ほぼすべての事例において、男性は女性に権力を振るい、女性は恥辱、言葉の壁、失職や強制送還への恐れ、労働法への不案内によって被害報告を差し控えがちとなる。

暴行は普通、メキシコからアメリカへの入国以前に始まる。「農場労働者の家族センター」のアン・ロペス博士は、フード・エンパワメント・プロジェクト(訳注②)のボランティアたちのため、農場労働者の収容所訪問を計画したが、これに同行した私たちは、国境越えの最中に暴行されて男児を産み落とした女性に出会った。今では多くの女性が、案内者や同行する移民たち、悪党の集団、政府の役人による

訳注2　倫理的な食の選択を通して正義に適った世界の実現を目指すアメリカの非営利団体。

強姦を恐れ、国境移動のあいだ避妊措置をとるという。ある試算によれば、中米やメキシコからよりよい暮らしを求めてアメリカへ渡る女性や少女の八割が性暴力の犠牲者になる。(原注8)

先ごろ、妻のローレンはオレゴン州ポートランドでこの問題に関する発表をこなし、翌朝、私と二人で近郊のユージーンへ移動した後、PCUNことピネロス・イ・カンペシーノス・ウニドス・デル・ノロエステ（北西部植林・農場労働者同盟）ほか、複数の社会正義団体による依頼のもと、夜に食の正義を主題とする講演を行なうことになった。

それに先だって私たちは、農場労働者の家族を対象とするPCUNのサービスセンターを訪れ、この労働者らがいかに似通った困難に遭遇するかをよくよく学んだ。違うのは栽培する作物だけである。空腹を覚えた私たちは、幸運にもコーンブレッド・カフェというビーガン軽食堂を見つけ、奥の席についた。注文の後、ローレンと私は発表についての会話を交わし、私は農場労働者のために消費者は何ができるだろうかと妻に問うた。

「手としては、規制改革、法制定、団体キャンペーンの応援を通して、農産物の仕入業者に販売用の果物や野菜をもっと高値で取引するよう促すことだと思う」と妻は言った。「そうすれば農場労働者が生活賃金を得る余地が生まれる。それから私たちの方では、栽培業者とか議員に向けて、農場労働者が生活費を稼げるだけでは足りない、と、農園で尊厳と敬意をもって扱われる必要がある、と、そういう要望を示していかなきゃいけない。これは私たちが買う品物を吟味するだけで解決するような問題じゃない。働く人たちと声を合わせて、その人たちの待遇を根本から改める変化を促す必要があるんだと思う」。

子供

アメリカの労働法に抜け穴があるせいで、農場はあらゆる年齢層の子供たちを両親とともに働かせることができる。しかも親が許せば農場での児童労働は一二歳から可能になる（もっとも、人権団体のヒューマン・ライツ・ウォッチがインタビューを行なった農場労働者の中にはわずか七歳の子供たちもいた）。一六歳を過ぎると、合衆国労働省が子供にとって「特に危険」とみる農作業、例えば鋭利な農具の使用やトラクターの運転も許される。この児童らは国内でも特に危害を受けやすく、見えにくい労働者たちといえる。同年齢の子供たちが学校へ通うかたわら、かれらは週に六日から七日、一日一〇から一二時間の労働に従事する。

こうした扱いは一九世紀の小説家チャールズ・ディケンズの世界を思わせる。私たちはもっと進んだ時代に生きていると思いたがるが、子供たちは世界中で労働力として搾取されている――その六割の、およそ一億人が農業に使われる（この数字は性搾取を目的とした人身売買の犠牲者を含まない）。人によっては、子供が農場で働くことの問題が分からず、新鮮な空気の中で多少の運動をするのは「人格形成」に資するだろうと思うかもしれない。が、ここで問題となっているのは小さな家族農場ではない。アメリカの農場は大半が家族ではなく企業の所有下にあり、企業は労働者に重機の操縦や猛毒化学物質の散布を強いる。

酷暑の中、農場の子供たちは畑地をたがやし、苗木を運んで植え、肥料を施し、農薬をまき、収穫を行ない、雑草を抜き、集めた作物を加工する。農業は建設、採掘と並んで、世界の少年少女が従事する三大危険産業の一つをなす。子供たちは死亡、負傷、事故、職業病、その他の健康被害にみまわれる。毎年アメリカの農場だけでも三〇〇人近くの子供が死亡し、二万四〇〇〇人が負傷する。[原注9] 少女はことに性的虐待を受けやすい。

農業のとてつもない危険にさらされたがる子供はいない。どこの国にも、子供たちに農業労働を強いる要因があふれ、内容は貧困、家庭崩壊、ＨＩＶその他による一家への打撃、家の借金などに分かれる。多くは移民労働者たちの子供で、季節ごとに土地を渡る暮らしを送っている。一方、かれらは児童の権利であるべき多くの恩恵にあずかれず、安全な環境や公教育すら保証されない。

この問題についても、消費者にできる手助けは規制、法制定、団体キャンペーンの応援である。

先住民

世界に最も行き渡る二つの食材、大豆とパーム油は、徐々に、しかし着実に、先住民を暮らしの場の破壊と土地からの放逐によって追い詰めつつある。大豆はもちろん、豆腐その他のビーガン食品にもなるが、八五パーセントは粉や植物油に加工され、そのほぼすべては畜産利用される動物たちに与えられる。またバイオ燃料にも変えられるが、これはパーム油も同じで、後者はプラムほどの大きさの赤い油やしの実から採られ、その売り上げはとうの昔にバナナを抜いて世界最大となった。いくつかの試算によれば、家庭用品の半分がパーム油を含み、マーガリン、ペットフード、クッキー、ピーナッツバター、ろうそく、口紅、洗剤など、その種類は多様を極める。

大豆と油やしはどちらも単一栽培作物なので、農地に選ばれた区域では長年にわたりそれだけが栽培されることになる。栽培地は大抵が熱帯雨林で、そのためにあらゆる生命の痕跡が消し去られ、在来の動植物が追いやられるが、地元住民の人間も例外ではない。その後、大豆畑やパーム林には大量の農薬がまかれ、土と水が汚染される。

　自給中心の生活を送る先住民が多岐にわたって頼りとする環境を、産業化した大豆・パーム油生産はたちまちのうちに荒野へと変える。ほんの一例を挙げるだけでも、熱帯のボルネオ島ではパーム林開発のために容赦ない焼き払いや伐採、ブルドーザーによる破壊が進行し、混沌とした熱帯雨林が整然たるパーム林へとみるみる変貌しつつある。多様な生命の暮らす泥炭（でいたん）湿地が損なわれて栽培地が広げられ、生態系破壊の機構が肥え太る中、人間と他の動物は揃って姿を消してゆく。

　これらの破壊は多大な代償を伴うが、ツケを負わされるのは先住民の人々で、かれらは土地係争から暴力紛争、パーム油男爵〔パーム林開発で富をなす者〕の代理で行なわれる殺人にまで巻き込まれる。金欲に染まったインドネシア、マレーシア、その他の政府は、何百万エーカーもの土地をパーム林の開発業者に売り、現地で暮らす人々を追い立てる。この争いに関与するのはアーチャー・ダニエルズ・ミッドランド、カーギル、モンサントなどの農業大手で、これらの企業はパーム油の供給に絡む人権侵害に大きな責任がある。とりわけ悪名高い事例を挙げると、インドネシア警察は二〇一一年、スマトラの三つの集落に暮らす八三家族を銃で脅して追放し、家を破壊したが、これも報告によると世界最大のパーム油加工会社にしてカーギルの供給先、ウィルマーとの契約による措置だった。

　こうした衝突は、先住民の権利に関する国連宣言に記されたところの、「自由意思と、充分な情報にもとづく事前合意」を行なう地域住民の権利を無視している。パーム林開発の計画を知ったのはブルドーザーが来た時だった、という話は多数の地域で聞かれる。多くの場合、公的な土地所有権を持たない地域社会に選択肢はなく、人々はただ開発を受け入れるしかない。さらに恐ろしいことに、パーム油産業に雇われた治安部隊は村を襲い、土地の明け渡しを拒んだ先住民らを殺す。人権団体とメディア各局はコロンビア、グアテマラ、ホンジュラス、インドネシア、フィリピンで起きるそうした殺人を伝えてきた。土地収奪の訴えを調べる二〇一二年の事実調査団代表ラハマト・アジグナによれば、二〇一一年にインドネシア当局はパーム油企業と土地をめぐって争った二二人の人物を殺害した。「歯向かったら殺されたのです」(原注10)。

同様の報告はブラジルやパラグアイのような、大豆生産が地元民を独自の社会紛争に追いやる地域に関しても存在する。小規模農家が大豆企業に土地を追われ、殺人や傷害にみまわれる事例は嘆かわしくもパラグアイで常態化しており、同国は一九七〇年代に大豆栽培が始まって後、世界屈指の大豆生産国となり、「大豆戦争」が全国的スキャンダルにまで発展している。

パラグアイの隣国ブラジルは、アマゾン熱帯雨林の最大面積――約二〇〇万平方マイル(五〇〇万平方キロメートルほど)――を擁するが、森は大豆畑と放牧地によって片端から徐々に伐り払われつつあり、森の伝統社会や地元の活動家たちは部族の土地を守ろうと戦っている。BBCの報道によると、二〇〇七年から二〇一三年のあいだにブラジルで殺された先住民は八三三人にのぼる(原注11)。多くは大豆業界の大物に雇われたガンマンの犠牲者で、業界の大物は強力なアグリビジネスのロビーを後ろ盾に持つ。ブラジル政府や自治体当局はアマゾンとそこに暮らす人々を守りたいと述べるが、これらの機関は大豆が持つ巨大な経済価値の虜(とりこ)となっている(ブラジルへの大豆導入は一九九〇年代にさかのぼる)。

ローレンと私は、パーム油生産が人と他の動物と地球におよぼす影響を危惧するので、この成分を含む品は買わない。また、大豆に関係する人権侵害の大半は遺伝子組み換え大豆の大量生産によるものなので、原則として遺伝子組み換えでない有機の豆腐だけを買う。

奴隷制

人間に強制労働を課して食料その他の農産物をつくる営みは長い暗い歴史を持つ。が、許しがたい奴隷制の遺産にもまして浅ましいのは、それが現在もなお続いていることだろう。それどころか、今日ではいずれの国も奴隷制を禁じているにもかかわらず、前代未聞の、実に三〇〇〇万人もの奴隷が存在する。そのほとんどは農業、畜産業、漁業などの業界で肉体労働に使われるが、何百万人もの女性や子供は性搾取を目的とした人身売買の犠牲にもなる（この点は後に短く概観する）。

強制労働の犠牲者たちは多くの場合、良い給料を得られるという約束のもと、詐欺的に他国の仕事に引き込まれる――が、給料は与えられず、代わりにパスポートを没収され、暴力の脅しによって労働を強いられるか、斡旋費用や国境越えの協力費を回収するという名目で拘束労働に就かされる。脅しや騙りによって働かされる一方、給料はほとんど、もしくはまったく得られず、その間にも「借金」は増え続け、ことによっては次の代にまで持ち越される。例えばネパールでは先代が地主に借金をしてその返済ができなかったという理由のもと、haliyas（「たがやす者」）の呼称で知られる土地を持たない農場労働者たちが、生まれた時から奴隷の身分に置かれる。この制度は公式には廃止されたにもかかわらず隆盛を極めている。

本人の意思に反する太平洋トロール船での業務においても（病人は海に捨てられ、歯向かう者は首を斬られる）[原注12]、あるいは放牧地開発を目的とした南米の森林伐採においても、奴隷は給料いらずの労働力として、腐敗した食品システムに利用される。二〇一五年にアメリカの政府当局は、グアテマラの世帯を狙って良い生活と子供の教育を約束し、奴隷労働に就かせる業者らを摘発した。騙された子供たちはアメリカに密入国させられ、オハイオ州の採卵農場で週に七日、一日一二時間の労働を課された。給料はなく、労働を拒む者は殺人脅迫を受けていた。

このほか、北米一帯では農作業に従事する何千人もの労働者が、固定給を支払われず、夜は鎖に繋がれ、一〇人以上の単位でボロ屋――多くはトレイラー――に住まわされている。休日も与えられずに働くかれらの農場は有刺鉄線に囲われ、武装した護衛に監視される。逃亡を試みた者は体罰を受ける。時に労働者は辛くも逃げおおせ、時に政府は施設を閉鎖する。が、入れ替わりで別の業者が現われ、契約人は農園を奴隷で満たす。

この仕組みは大手スーパーマーケット・チェーンが仕入れ値を下げ続けた結果という面が大きい。購買力の大きさを武器に、スーパーマーケットは農産物の生産者に圧力をかけ、果物や野菜を信じがたい低価格で売るよう迫るが、それは農場経営者が賃金労働者に支払う給料に影響する。トマトがお買い得だと考える消費者は、それが収穫作業を強いられる人々の自由と尊厳を代償としている事実をほとんど分かっていない。

一方、西アフリカの南部海岸沿いでは、奴隷制が私たちに大人気の嗜好品にも影を落とす――チョコレートである。ガーナとコートジボワールの農園は、世界のカカオ豆生産の六割を担うが、最悪の児童労働を用いることで悪名高い（国際労働機関は児童労働について、少年少女売買、少年兵、営利の性搾取、危険労働、違法操業への児童利用など、あらゆる形態の奴隷制を含むものと定義する）。フード・エンパワメント・プロジェクトによると、若ければ五歳で子供たちは人身売買され、隣接する国々のカカオ農園で、なたを使う豆果の収穫、チェーンソーを使う土地の開拓、作物への農薬散布といった危険な業務を課される。夜は拘束され、逃亡を試みれば厳しい体罰を受ける。完全に姿を消した子供たちもいる。

　強制労働とカカオ生産の結び付きは、チョコレートの商業生産が始まる一九世紀からみられた構造で、当時はアンゴラから連れてこられた奴隷たちが、アフリカ西海岸のはずれ、サントメ・プリンシペ島の新設カカオ農園で働かされた。以来、場所を除けば今日まで何も変わっていない。ガーナとコートジボワールのカカオ農家は一日二ドル以下の稼ぎ――貧困レベルをはるかに下回る収入――なので、児童労働への依存は蔓延している。

　カカオ生産での奴隷制はフード・エンパワメント・プロジェクトが注目する多数の不正の一つで、同団体は皆でチョコレートの消費をやめようというよりも、さしあたっては買うものに頭を使おうと呼びかけている。その目標へ向け、団体のウェブサイト（foodispower.org）では、児童労働が最も蔓延する西アフリカ産のカカオを使っていないビーガン・チョコレートの一覧を頻繁に更新している。農家や斡旋業者から、政府や多国籍チョコレート企業まで、カカオのサプライ・チェーンに連なる関係者らはほぼ誰一人として、人間奴隷制に関する自分たちの役回りを認識していない。けれども消費者として私たちにできる最低限の務めは、この虐待を自分の財布で支援しないことである。フード・エンパワメント・プロジェクトはまた、消費者がチョコレート会社にカカオの仕入先を示すよう求めていくことも促している。

屠殺場労働者

はっきりさせておきたいが、屠殺ラインで一日八時間、喜んで動物殺しの仕事をこなしたがる人間はいない。業務は重労働で、暴力的で、危険で、反復が多く、そのくせ賃金は少ない。この仕事に関して私と話をした人物は皆、忌まわしそうに業務を振り返った。インタビューをした元タイソンの鶏工場職員の話では、経営陣は解体ラインの停止を拒み、さらには作業員がトイレに行くことをも許さなかった。なので「作業員はなんと機材のド真ん前で放尿していました——柱だとか、建物の外から中へ生きた鶏を運んでくるベルトコンベヤーの下だとかに」。同じく、屠殺場作業員にとってはズボンをはいたまま排便することも珍しくない。

ヒューマン・ライツ・ウォッチによれば、「食肉・家禽産業の仕事には組織的な人権侵害が内包されている」。労働者は防止できるはずの負傷にみまわれ、それは往々にして深刻、時には死に至る。さらに動物を殺すことで、労働者は心的外傷後ストレス障害の症状に似た多数の精神的問題、例えば薬物やアルコールの濫用、抑鬱、不安、妄想症、解離性障害、繰り返す暴力行為の夢などに悩まされる。要するに、屠殺場の労働者に殺す動物を気づかう余裕はない——あるいはそこまでいかずとも、自分の感じる思いやりを形にする余裕はない。

こうした虐待がシステムに内包されている、とヒューマン・ライツ・ウォッチがいうのは、仮に食肉企業が労働者の権利を尊重しようとすれば、そのためにコストが増え、競争ビジネスの中で廃業に追い込まれるからである。

世界で最も危険な職場なのに加え、食肉加工場は恐怖工場でもあり、そこで働く貧しい移民労働者たちは、失職や強制送還のリスクを犯してまで声を上げようとはしない。ほとんどは職を探す必死の思いから故郷を離れた経済難民で、アメリカでは労働関連の負傷に対し補償を受けられるなどの権利があることを知らない。

以上を総合すると、動物を虐待する末端の屠殺場労働者を吊るし上げる潜入調査はほとんど、あるいはまったく良い効果を持たないといえる。憤る人々は一つの不正が正されたと感じるが、ストレスにやられたごく僅かな（多くは有色人種の）低賃金労働者を逮捕しても、それは権利を奪われた人々を犠牲とすることで、抑圧のシステムを強化するだけである。場合によっては、労働者たちは動物虐待の罪にすら問われず、屠殺場の仕事に就くための偽造身分証の保持を問われるだけに終始する。

つまり、槍玉に挙げるべきは産業であって、個別の労働者ではない。もちろん、私も屠殺場に雇われた職員らが怒りとわだかまりを動物にぶつける動画を見ていると胸が悪くなるし、その行為をかばうつもりはない。けれども、屠殺場で働く精神的負担が、人の心をズタズタに破壊することは覚えておく必要がある。低賃金で働く人々を責めるよりも――動画に捉えられるのは常にかれらだが――、暴力の地盤を整える構造上の犯罪者らを追及したい。すべての者に対する思いやりを本当の意味で抱こうとするのなら、屠殺場労働者に共感を寄せることは、間違いなく最も難しい目標の一つに数えられる。

当然ながら、動物性食品の消費がこうした虐待への加担であることは分かる。つまるところ、肉の人気こそが屠殺場とその腐敗ビジネスを求めるのである。（訳注③）

同居者の犯罪

屠殺場の労働者は否応なく苦しみへの感受性が鈍るので、概して攻撃性が高まり、夜になって仕事場を後にしてもそれで終わりとはならず、怒りを家に持ち帰る。これは動物の犠牲が人間の犠牲に摩り替わる現象のほんの一例に過ぎない。ただし、女性、子供、男性を襲う家庭内暴力その他の犯罪は、毎週無数の動物の死に直面し関与する人々だけがしでかすことではない。動物虐待はかつてより、史上最悪の暴力的犯罪者を特徴づける病理と目されてきた上、現在では警察機関に属する犯人割り出しの専門家が、反社会的行動を予測する目的から日常的に動物虐待の報告を参照する。

家庭では虐待者が同居者の伴侶動物をしきりに傷つけ殺す——もしくはそう脅す——ことで、相手に罰と恐怖を与え、権力をふるう（追い打ちをかけるように、家庭内暴力の犠牲者をかくまうシェルターはしばしば動物の受け入れを拒むので、虐待者のもとを逃れたい女性たちは、伴侶動物を後に残すか、家に留まってさらに自分が虐待されるかを選ばなければならない）。動物虐待や家庭内暴力のある家に育つと、子供はそうした逸脱行為を普通と思い込むことが多く、その価値観を自分たちの子に伝えて次世代まで虐待のサイクルを存続させる。（原注13）

人間への暴力と動物への暴力は、私たちの文化では同時に表われることが珍しくない。例えば女性を形容する「肉片」という言葉は、鶏や豚など、畜産利用される動物の死体の姿と重なり、消費者に性的対象としての人間女性を連想させる（キャロル・A・アダムズは著書『肉食という性の政治学』でこの問題を扱う）[訳注④]。食肉産業の広告に載る写真やイラストを見ると、死んだ動物は時に口紅やハイヒールで身を飾られていたり、挑発的なポーズをとらされていたりさえする。うまい宣伝のつもりだろうが、これは明らかに性を反映した暴力で、貶められた二集団の抑圧を資本化し、明瞭な形で、人間以外の動物と人間女性は消費の対象なのだと人々に訴える。

一方、近しい同居者の暴力は別の面でも交差性を持ちうる。障害を抱える黒人女性が同性の伴侶から虐げられる例を考えると、有色人種、同性愛者、障害者という属性――いずれも伝統的に主流文化から迫害されてきた特徴――が重なり合う。作家で活動家のスザンヌ・ファーが論じるに、虐待被害女性の支援団体が虐待されるレズビアンの力になりたいと願うなら、論文や街頭活動で同性愛を論じない団体は彼女たちにとって安心できる場所ではないことを理解しなければならない[原注14]。この問題意識は他の社会属性、例えば貧困などを含める範囲にまで広げられる。虐待する同居者からの安全を求める被害女性は、多くが失業中もしくは不完全雇用の状態にある。キンバリー・クレンショーの見解では、こうした女性たちを支える避難所は虐待者の暴力だけでなく、女性たちの生活に収斂（しゅうれん）しがちな他の多くの支配システ

訳注3　屠殺場労働者の逆境については、テッド・ジェノウェイズ／拙訳『屠殺――監禁畜舎・食肉処理場・食の安全』（緑風出版、二〇一六）を参照。

訳注4　キャロル・A・アダムズ／鶴田静訳『肉食という性の政治学――フェミニズム‐ベジタリアニズム批評』新宿書房、一九九四年。

ムにも目を向け、それが虐待関係に代わる別の逆境を生む事態を防がなければならない。[原注15]

二〇一三年に私はルクセンブルクで開かれた動物の権利会合でパトリス・ジョーンズの講演を聴き[原注16]、そこで初めてクレンショーの仕事を知って、運動間の連帯が持つ意義を深く考えるようになった。交差性という主題を論じる手始めに、ジョーンズは聴衆に問いかけた。「六かける七は？」。数人が「四二！」と叫ぶ。ジョーンズは答えた。「そう、では皆さん、四二を思い浮かべてください。さてそうすると、六とは何でしょう、そして七とは何でしょう？　分かりませんよね。というのも四二は六と七がかけ合わさってできたものだからです」。それと同じように、クレンショーは人種差別と性差別の関係を説き明かす意図から「交差性」という語を用いたのだとジョーンズは続けた。人種と性に迫る概念として生まれた交差性はその後、他の社会分類の中にみられる複数次元の不平等を確かめるための分析道具になった。

他の人権侵害

脱搾取の倫理はすべての搾取と不正を許さないものであるべきだと私は思う——食や動物をめぐる関心だけでは足りない。あらゆる人権侵害をしかるべき深さで論じることは私の力におよばないが、いくつかを例に挙げたい。例えば監獄産業複合体は大きな問題で、それは動物擁護に携わる活動家が起訴されるからというだけではない。監獄はとうの昔に「社会復帰」や「更生」のための施設という口実を捨て去り、一種の差別形態として大量収監を行なう私営施設となった。しかも今日では監獄内・保護観察下・仮釈放中の黒人男性（約一七〇万人）が、一八五〇年の黒人男性奴隷の数（約八七万人）を上回っている。[原注17] そして刑事司法制度では白人よりも有色人種の方がはるかに高い率で重罪を言い渡されるので、[原注18] 人種差別は現在でも奴隷制時代に劣らず行き渡っている。

社会活動家のアンジェラ・デイビスは、監獄制度が社会の病弊を覆い隠す以上の役割をほとんど果たさないと論じる。「ホームレス、失業、薬物依存、精神疾患、文盲などは、そうした困難と戦う人々が収監されることで世間の目から覆い隠される問題群の中の、ほんの一部にすぎない」とデイビスは記す。「けれども監獄は問題を消し去るのではなく、人間を消し去る。そして貧困層、移民、周縁化された人種社会に属する人々を一斉に消し去る慣行は、一大事業になっている」。[原注19]

囚人労働は南北戦争の後に奴隷制の廃止を宣言したアメリカ合衆国憲法修正第一三条の例外とされるので、これはただ、一つの不本意服従を別のそれに置き換えただけだった。収監者は農業、建築、製造、架橋、採掘、それにもちろん自動車ナンバープレートの作成まで、およそあらゆる業界で働くことを強いられるので、懲罰は儲けになる。中には屠殺場での労働を課される収監者までいて、かれらは服役中に、国家の許す暴力を存続させることになる（そしてしばしば雇われの屠殺場労働者と同じ外傷にみまわれる）。健康でいながら労働を拒んだ収監者は独房に入れられ、服役期間を短縮する機会を奪われ、家族との面会も取り消される。

校舎から獄舎へ

規律と懲罰の文化は広く一般化した結果、教育システムにまで入り込み、学校 - 監獄パイプラインと称されるものに発展した。若い生徒を学校から追い出し、少年・刑事司法制度の手にゆだねる流れである。学校は教師にしたがわないなどのごく些細な違反をも罰則の対象とし、特定の生徒に「問題児」の烙印をおす。この風潮によって、毎年何百万人もの児童が停学・退学処分を受け、逮捕される事態となっている。バージニア州アーリントンでは、一〇歳の少年二人が教師の飲みものに石鹸水を混ぜたことで三日間の停学処分を言い渡され、懲役二〇年の重罪を求める告訴の手続きが進められた（冷静な議論が勝ったおかげで訴えは取り下げられたが）(原注20)。

都市や郊外の学校の多くは今や刑務所化しつつあり、警察や警備機関、監視カメラが置かれ、身体検査が行なわれ、周囲の社会から切り離される。一点の逸脱も許さない方針と統制を重んじる姿勢が、学習と発達を重んじるかつての姿勢に置き換わった。こうした環境では、誰もに向上の機会を与える教育の偉大な民主化効果は失われる。生徒によってはアルファベットを習得するよりも前につぶれかねない。

学校‐監獄パイプラインは特に有色人種の生徒、LGBTQ（同性愛者、両性愛者、トランスジェンダー〔身体と人格の性が異なる人〕）を自認する生徒、障害を抱える生徒に厳しい。合衆国教育省公民権局によると、黒人の生徒が停学・退学処分を受ける率は白人の生徒の三倍、障害を抱える生徒が停学になる率は障害のない生徒の二倍に達する(原注21)。

他方、LGBTQの青少年は若年層全体の五から七パーセントにすぎないが、少年司法の処分を受ける者の一三から一五パーセントはかれらが占める(原注22)。この生徒らが少年司法や学校の制裁を受ける率はLGBTQを自認しない生徒の三倍にもなる(原注23)。停学処分を受けた生徒らは中途退学する、もしくは

近所で犯罪におよぶ傾向が高まり、後者の場合は裁判所が介入することになる。(原注24)

人身売買

人身売買は多くの点で動物搾取と共通する――暴力または暴力の脅しを用いて、嫌がる犠牲者（大抵は長い距離を移送された者たち）に服従を強い、他人の得のため奉仕させるなどの面である。人身売買の場合、「得」とは一般に労働と性奉仕の強要を指す。強制労働は先にみた農場や漁船での仕事のほか、家庭内奉仕、健康・美容サービス、違法薬物の製造、その他におよぶ。インドではわずか四歳の子供が工場で石炭を砕き、成長する国内の建設業で使うレンガを大量生産する。(原注25)かれらがそこにいるのは、先代が負った借金を返済するためである。

この「借金」は人身売買商人が良い給料や住宅を与えるという約束で労働者をアメリカその他の国へ入国させたことに対して負うものである例も多い。シンクタンクの都市研究所による調べでは、労働用の人身売買犠牲者は平均六一五〇ドルの「募集」費用を支払うが、これは多くの場合、かれらの出身国の一人当たり年間収入を超える。(原注26)アメリカに来た労働者たちは身体的・精神的・経済的虐待を受ける。給料からは一般に様々な「料金」が徴収もしくは控除されるので、労働者は自身らを入国させた雇用主や募集者に負う当初の金額を返済できない。結果、かれらは奴隷状態を強いられる。

詐欺的募集の手口は性搾取目的の人身売買でも使われる。女性たちは給仕や店員、あるいは高級ホテルの客室清掃員といった合法の仕事を持ち掛けられる。(原注27)時にはボーイフレンドや隣人、さらには近親者の手で人身売買に回される。あるいは結婚、教育、その他、生活向上を匂わせるもろもろの約束で罠にかけられる。騙された女性は商人の手から手へ渡り、母国から遠いところへ連れていかれる。パスポートをはじめとする文書類は奪われ、女性は誘拐者を頼る身となる。顧客への「奉仕」を強要されるに先立ち、犠牲となった女性は往々にして商人に暴行され、その後の虐待サイクルで日常的に死の脅しや薬物、心身の拷問にさらされる。人身売買商人は犠牲者家族の命すら脅かす。

この種の奴隷制が今なお隆盛を誇るのは、女性や少女が力を持たない者と目されているからで、女性が無価値とみなされる社会ではリスクが最大に高まる。

女性や少女を他国から密入国させる者がいる一方、売春仲介屋は家出人、養子、身体虐待や性的虐待の犠牲者など、弱みを握って思い通りにできる者を餌食にする。女性たちは普通、意思に反して売春宿のような部屋に囲われ、性的奉仕から脱するすべを奪われる。抵抗する者、「掟（おきて）にしたがわない」者は厳しく罰せられるか殺される。(原注28)

性搾取向けの人身売買と戦う中で見落とされがちなのが、男性の犠牲者である——男性や少年は女性に比べれば少ないものの、人間奴隷制の特に禁忌とされる一角を占める。多くの研究による試算では、強制的な営利の性搾取を目的に世界で人身売買される人々の九八パーセントは女性で、男性と少年は二パーセントとされる。(原注29)が、少なくとも二〇〇八年に発表されたある研究によれば、アメリカで性搾取用に売買される児童の内、少年は実に五〇パーセントを占めるという。(原注30)

人身売買商人は周縁化された人々、特にホームレスの人々を狙うが、中でも被害に遭いやすいのはＬＧＢＴＱの若者で、かれらはその性的指向や性自認ゆえに家から追い出される率が高い。アメリカの若年層でＬＧＢＴＱを自認する者は五から七パーセントであるが、かれらはホームレスの若者の約四割を占め、[原注31]統計的にみて性搾取を目的とする人身売買の犠牲者となりやすい。無論、ホームレスになる要因は様々あるが、家を持たないＬＧＢＴＱの若者の内、二六パーセントほどはＬＧＢＴＱを嫌がる家族によって家を追い出されている。[原注32]

性搾取向け人身売買に使われる技術の実態を追う機関、ソーンの統計によれば、犠牲となった若者の多くが売買される場は、消費者がルームメイトを探したり、中古車を買ったり、近所のガレージセールを調べたりするのと同じウェブサイト上であるという。[原注33]ソーンが明らかにしたところでは、被害児童の七割がクレイグスリストのようなサイトで自分が売りに出されたと証言しており、商人はサイト上に犠牲者の写真と説明文、それに価格を投稿する。

死刑

多くの社会正義活動家にとって、死刑は究極の人権侵害である。また、死刑は特に論争の激しい問題でもある。集団殺害や奴隷制のような人権侵害が道徳に反することは異論の余地がない一方、死刑は正義と平等の原則を掲げる政府によって行なわれる。アメリカ国民は北朝鮮やイランの強権支配を批判するが、それであればアメリカもこれらの国と同じく、人に死刑判決を下し日常的に刑を執行している事実に目を向けなければならない。その点では中国、イラク、イエメン、サウジアラビア等々の国も同じで、中国は処刑者数が多いあまり、二〇〇九年にそのデータを国家機密として公開しないことに決めた（人権団体アムネスティ・インターナショナルは同国が年間数千人を処刑していると見積もる）。[原注34]

多くの国は死刑を殺人の処罰に限定するものの、中には同性愛、不倫、信仰放棄、魔術の実施を死刑対象とする国もある。刑の方法――絞首、斬首、薬殺、ガス殺、電殺、銃殺、投石など――は国によって異なるが、いずれも心身に苦しみをおよぼす。例えばアメリカの連邦政府や多くの州政府が好む薬殺は、迅速無痛からは程遠い。それどころか薬殺は受刑者が最大二時間にもわたり激しい痛みにのたうち回ることで知られる。[原注35] 二〇一四年にオクラホマ州で薬殺刑に処された男性は「全身が焼けるようだ」という言葉を残して絶命した。[原注36]

苦しみは処刑よりもはるか以前から始まる。収監者は何十年ものあいだ「死刑囚監房」で刑の日を待つが、五感への刺激や家族との面会を断たれた独房の環境は、国際法のもとでは拷問に相当する。

これに加え、死刑は明らかに白人をひいきにしつつ黒人やラテンアメリカ人を標的とする。二〇一四年にアメリカで処刑された収監者三五名の内、三分の二は有色人種――黒人男性一七名、ラテンアメリカ人五名、黒人女性一名――だった。[原注37] 刑事司法制度が黒人よりも白人の命を重んじると示唆する研究は数多く、中でもオクラホマ州立大学の研究者らが明らかにしたところでは、白人殺しの罪に問われた黒人は、白人の被告よりも死刑判決を受けやすいばかりか、二倍以上の率でこの刑を言い渡される。[原注38] ちなみに白人を殺したラテンアメリカ人が死刑判決を受ける率は白人の一・四倍に達する。[原注39]

真に公平な目で一九七六年から二〇一五年までの動向を調べたルイジアナ州の研究者らによれば、同州で殺人被害に遭った人々の六一パーセントは黒人の男性と少年からなるが、犯人が死刑判決を受けた事例は一万二九四九件中、わずか三件にすぎなかった。[原注40] 見ての通り、同州では事実上、白人殺しだけが死刑に値する罪となる（州の標語が「団結・公正・信頼」なのは皮肉であると同時に侮辱でもある）。

アメリカは人種偏見を黒人の老若男女を殺す形で体現してきた長い歴史を持つ。一八世紀には初めてイングランドからの借用でない死刑相当罪が成文化されたが、それは一七一二年に起きた奴隷蜂起への対応で、奴隷による殺人未遂、強姦未遂は死刑の対象となった。(原注41)

二〇世紀に入っても死刑は人種統制に使われた。一四歳の黒人少年ジョージ・スティニーの事件は忘れられない判例に数えられる。一九四四年三月に二人の幼い白人少女を殺したかどで、ジョージは両親や弁護士の同席もないまま尋問され、伝えられるところでは罪を自白した。ジョージ本人は無罪を主張し、妹は殺人が起きた時、兄と自分は家のそばで草をはむ家族の牛を見ていたと証言した。にもかかわらず、二時間の審理を経た後、白人だけからなる陪審らはわずか一〇分で被告の有罪を決定し、二カ月も経たないうちにジョージはサウスカロライナ州へ送られ電気椅子で処刑された。二〇一四年にある裁判官はジョージ・スティニーの容疑を晴らし、当の裁判と処刑を「誠に遺憾な歴史上の事件」と評した。(原注42)

ジョージ少年に起こったことはリンチとでもいうよりほかなく、南北戦争後の南部を席巻(せっけん)した白人の特権を守る企て、人種差別にもとづく極刑の一種をなす。一八六五年に憲法修正第一三条が可決されたことで、アメリカの刑事司法制度は（実際は別として少なくとも理論上は）すべての人種が平等だと認め、黒人被告が窃盗・強姦・財産損壊のような犯罪で死刑に処されることはなくなった。今や自由と目された人々を新しい手法で抑圧すべく、白人のリンチ集団は自分たちの考える様々な罪、企業競争や浮浪、投票行為などを理由に黒人を付け狙った。絞首、射殺、火刑、撲殺など、あらゆる手法による「リンチ」は、正真正銘のテロ行為になった。ある試算によれば、一八七七年から一九五〇年のあいだに、南部一二州では三九五九人の黒人がリンチに遭った。(原注43)「リンチ」は司法外の処罰と思われているが、今日では刑事法の執行官があからさまにこれを用いる。

死刑は犯罪抑止の手段とうたわれるものの、多くの研究は何の効果もないことを証明している。(原注44) むしろ死刑は単なる復讐と考える方が妥当といえる。「死刑擁護論の一つは、これが殺人をはじめとする凶悪犯罪の強い抑止力になると論じる。が、実際の証拠は真逆を示している」と元アメリカ大統領のジミー・カーターは二〇一二年に記した。「アメリカの殺人発生率は死刑のない西ヨーロッパ諸国のどこと比べても、最低五倍に達する。……南部州は死刑の八割以上を行ないながら、どこの地域よりも殺人発生率が高い。テキサス州は抜きんでて死刑執行数が多いにもかかわらず、殺人発生率は最初に死刑を廃止したウィスコンシン州の二倍にもなる」(原注45)

【原注】

1 例えば ***The Longest Struggle: Animal Advocacy from Pythagoras to PETA*** by Norm Phelps (2007) や ***A Companion to Gender History***, edited by Teresa A. Meade and Merry E. Wiesner-Hanks (2004) を参照。

2 ***The Origin of the Family, Private Property and the State*** by Friedrich Engels (1884) を参照。エンゲルスの説がすべて現代の歴史家によって支持されているわけではないが、彼は公然と性の平等を唱えた。

3 Joan Dunayer, "Sexist Words, Speciesist Roots" in ***Animals and Women: Feminist Theoretical Explorations***, edited by Carol J. Adams and Josephine Donovan, Duke University Press, 1995 を参照。

4 "Ecofeminism Revisited: Rejecting Essentialism and Re-Placing Species in a Material Feminist Environmentalism" by Greta Gaard, ***Feminist Formations***, Volume 23, Number 2, Summer 2011, pages 26–53 を参照。

5 https://www.youtube.com/watch? v=x0FjZQC8gc を参照。

6 www.ufw.org/_page.php?menu=research&inc= history/12.html

7 http://cironline.org/reports/female-workers-face-rape-harassment-usagriculture-industry-4798

8 http://fusion.net/story/17321/is-rape-the-price-to-pay-formigrant-women-chasing-the-american-dream/
9 http://humantraffickingsearch.net/wp/child-forced-labor-part-ii-agriculture-in-theamericas/
10 http://agriworkers.org/system/files/so-2012june-therealtrespassers.pdf
11 Joao Fellet, "High murder ratesblight Brazil's indigenous communities," BBC.com, February 28, 2014.
12 Ian Urbina, "'Sea Slaves': Forced Labor for Cheap Fish," *The New York Times*, July 27, 2015.
13 自分たちが子に伝える行動は普通だと考えるようなら、男性が女性との交わりを言い表わす際に使う「引っ掛ける」「はらませる」「やる」などの暴力的語彙を顧みてほしい。
14 Suzanne Pharr, ***Homophobia: A Weapon of Sexism***, Chardon Press, 1997, page 48.
15 Kimberlé Williams Crenshaw, "Mapping the Margins: Intersectionality, Identity Politics, and Violence against Women of Color," ***Stanford Law Review***, Volume 43, Number 6, July 1991.
16 ジョーンズの講演はhttp://blog.bravebirds.org/archives/1553で視聴可。
17 Max Ehrenfreund, "There's a disturbing truth to John Legend's Oscar statement about prisons and slavery," Washington Post, February 23, 2015.
18 Michelle Alexander, ***The New Jim Crow: Mass Incarceration in the Age of Colorblindness***, The New Press, 2010を参照。
19 Angela Davis, "Masked Racism: Reflections on the Prison Industrial Complex," ***ColorLines***, Fall 1998.
20 Anjetta McQueen, "Youth violence down, suspensions on rise," Associated Press, April 12, 2000.
21 http://ocrdata.ed.gov/Downloads/CRDC-SchoolDiscipline-Snapshot.pdf
22 Jerome Hunt and Aisha C. Moodie-Mills, "The Unfair Criminalization of Gay and Transgender Youth: An Overview of the Experiences of LGBT Youth in the Juvenile Justice System," Center for American Progress, June 2012.
23 Andrew Cray, Katie Miller, and Laura E. Durso, "Seeking Shelter: The Experiences and Unmet Needs of LGBT Homeless Youth," Center for American Progress, September 2013.
24 www.aclu.org/fact-sheet/what-school-prison-pipe line#4
25 www.bbc.com/news/world-asia-india-25556965
26 http://money.cnn. com/2014/10/21/pf/labor-trafficking
27 Theresa Fisher, "Victim of Sex Trafficking in U.S. Tells Her Story," Juvenile Justice Information Exchange

(jjie.org), January 23, 2014.

28 Stephanie Hepburn and Rita J. Simon, ***Human Trafficking Around the World: Hidden in Plain Sight***, Columbia University Press, 2013, page 2.

29 www.soroptimist.org/trafficking/faq.html

30 Richard Curtis, Meredith Dank, Kirk Dombrowski, Bilal Khan, Melissa Labriola, Amy Muslim, Michael Rempel, and Karen Terry, "The Commercial Sexual Exploitation of Children in New York City," Report to the National Institute of Justice, New York, NY, Center for Court Innovation and John Jay College of Criminal Justice, September 2008.

31 Laura E. Durso and Gary J. Gates, "Serving Our Youth: Findings from a National Survey of Service Providers Working with Lesbian, Gay, Bisexual, and Transgender Youth Who Are Homeless or at Risk of Becoming Homeless," The Williams Institute with True Colors Fund and The Palette Fund, July 2012.

32 http://www.sdgln.com/news/2010/02/09/sex-trafficking-hits-san-diegos-lgbt-youths# sthash.0Rd4NAUe.dpbs

33 www.wearethorn.org/online-exploitation-child-sex-traffickingescort-websites/?utm_source=tw&utm_medium=tweet&utm_campaign=blog

34 www.amnesty.org.uk/sites/default/files/death_sentences_and_executions_2014_en.pdf

35 www.latimes.com /nation/nationnow/la-na-nn-arizona-execution-20140723story.html

36 http://nation.time.com/20 14/01/10/oklahoma-convict-who-felt-body-burning-executedwith-controversial-drug

37 www.deathpenaltyinfo.org/execution-list-2014

38 www. deathpenaltyinfo.org/node/476

39 Jason T. Carmichael, David Jacobs, Stephanie L. Kent, and Zhenchao Qian, "Who Survives on Death Row? An Individual and Contextual Analysis," ***American Sociological Review***, Volume 72, August 2007.

40 Frank R. Baumgartner and Tim Lyman, "Race-of-Victim Discrepancies in Homicides and Executions, Louisiana 1976–2015," ***Loyola University of New Orleans Journal of Public Interest Law***, Fall 2015.

41 Stuart Banner, ***The Death Penalty: An American History***, Harvard University Press, 2002, page 8.

42 www.cbsnews.com/news/south-carolina-boy-executed-for-1944-murder-isexonerated

43　Equal Justice Initiative, "Lynching in America: Confronting the Legacy of Racial Terror," February 2015.

44　M. Radelet and T. Lacock, "Do Executions Lower Homicide Rates?: The Views of Leading Criminologists," *Journal of Criminal Law and Criminology*, Volume 99, Number 2, 2009.

45　Jimmy Carter, "Show Death Penalty the Door," *Atlanta Journal-Constitution*, April 25, 2012.

第四章　環境

Chapter 4

On the Environment

環境を壊す世代はツケを払う世代ではありません。それが問題です。
——ワンガリ・マータイ

気候変動とそれが動物や地球に与える影響を象徴する点で、溶けゆく氷盤に頼りなくたたずむ一頭の白熊の姿にまさる情景はないに違いない。こうした画像は環境団体が寄付を募るのに利用し、ソーシャル・メディアで人々の怒りを呼び起こすべく共有されるあいだに、ずいぶん見慣れたものとなった。遠い北半球の果てで、自然と人間活動が混ざり合ってできた劇的な極地の風景は、人間がこの星に生態学上の大惨事をもたらした確証であると人々の目に映り、現に動植物は一種また一種と、永遠にこの世から姿を消しつつある。

実際には一種また一種どころではない。国連環境計画（ＵＮＥＰ）は、毎日二〇〇種もの昆虫、鳥類、哺乳類、植物が絶滅していると見積もる。私たちは六五〇〇万年前に恐竜が突如その姿を消して以来、最悪となる生物激減の時代に生きていて、しかもこれまでの大量絶滅が進化の発展や気候の変化、火山の噴火、隕石の落下のような自然現象に起因したのと違い、今これを読んでいるあいだにも進行する大災害は私たちのせいで生じている。その深刻さたるや、種の絶滅危惧をもたらす原因の九九パーセントが、生息地破壊や人口過剰、狩猟といった人間活動に求められるほどである。

が、これらと並ぶ絶滅の二大要因、環境汚染と気候変動は、主として工場式畜産に由来する。アンモニア、硫化水素、メタンの大気排出から、巨大な肥溜めの設置による水や土壌の汚染まで、工業化した畜産業は今日の私たちが抱える多くの環境破壊の元凶をなす。畜産業が気候変動におよぼす影響を数値化すべく、イギリスの研究チームは様々な食事ごとの温室効果ガス（ＧＨＧ）排出量を計測し、雑食者は菜食者の二・五倍近くも地球温暖化に寄与するとの結論を出した。（原注1）畜産業は種を絶滅させるだけでなく、気温上昇、海流変化、海面上昇、野火の増加と大規模化、暴風雨の勢力増強、旱魃（かんばつ）の深刻化をも推し進める。

動物製品と気候変動

とすると、人々が脱搾取派（ビーガン）になれば気候変動は解決されるのだろうか。国連はそう考えているように思える。二〇〇六年の報告書『家畜の落とす長い影――環境をめぐる課題と選択肢』の中で、国連は動物性食品の生産がＧＨＧ排出の一八パーセント――全世界の自動車、船舶、飛行機、電車から排出される二酸化炭素の総量以上――を占めると述べ、以来、食肉・酪農産業と地球温暖化や気候変動の結び付きを指摘することは、雑食生活を批判する主要な切り口となった。研究によれば、畜産由来のＧＨＧ排出はメタンと亜酸化窒素が中心で、前者の温室効果は二酸化炭素の八六倍、後者のそれは二六八倍にもなる。これらを総合するとどうなるかは察しの通りである。

　続いて二〇〇九年にはアメリカのワールドウォッチ研究所が『家畜と気候変動』という報告書を発表し、畜産業の全工程とサプライ・チェーンを考慮に入れると、その年間ＧＨＧ排出量はなんと世界の総排出量の五一パーセントにもなると明らかにした。報告書の著者らは肉・乳・卵の代わりに植物性食品を食べるよう人々に呼びかけている。

二〇一五年、国連はまた別の報告書『消費と生産による環境影響の評価』を刊行し、気候変動を抑える手段として「動物性食品からの大幅な世界的移行」を促した。

世界を覆う飢餓と同様、気候変動の解決も目に見えるほど単純ではない。が、菜食の持つ環境面での効果に専門家が難癖を付けるのは置いておき、常識で考えれば、蛮行を減らしつつ世界を気候変動の最悪の影響から守るために行動を起こすのは当然のことではないだろうか。おまけに、食用の動物飼育をなくせば耐性菌感染も減るはずで、なんとなれば現在、抗生物質のおよそ八割は畜産利用される動物に投与され(原注2)、抗生物質耐性菌は動物から人に感染するからである(訳注①)。

肉食と環境保護

脱搾取/動物の権利運動の支持者らは、畜産業がじわじわと、オゾン層はもとより生態系をも破壊しつつあることに目を向ける。かれらは動物消費が環境面で持続不可能だと指摘するだろう。動物用に飼料を育てて肉を食べるのがどれほど非効率かを論じるだろう。工場式畜産が地球を汚染して莫大な水を使用すると説くだろう。そして、動物を食べる人間が環境保護論者を名乗る資格はない、と結論する。

一見、この結論は真っ当に思える。けれども重要な点を見落としてはならない。まず、すべての「肉食者」が同量の動物性食品を消費するわけではない。「ビーガン風」の食事で肉や卵、乳製品を大幅に減らす人々は増えている。しかしこうした人々は依然、肉食者とみなされる。また、すべての動物性食品が同等の資源浪費をするわけではない点も念頭に置く必要がある。例えば牛肉生産の環境負荷は鶏肉生産よりもはるかに大きい（それから忘れてはならないが、果物や野菜の栽培・収穫・輸送にも大量の資源を使う）。

もちろん私は食物連鎖の下位に位置するものを食べるのが地球に良いことは全面的に認めるが、環境保護論者を自認する人の炭素排出量が脱搾取派に比べてどれほどかなど、どうしたら分かるというのだろう。例えば、肉を食べる環境保護論者だが、通勤には自転車を使い、水の携帯にはステンレスの水筒を使い、肉食は月に一度チーズバーガーを食べるだけという人と、厳格な菜食者だが移動にはガソリンを浪費するＳＵＶを使い、年に何度も海外へ渡り、給水のために延々と使い捨てペットボトルを無駄にする人とを比べるとしたら、どちらの環境影響が少ないだろうか。

私は、一見したところの欠点をもとに他の人々を批判する結果を考えることが大事だと思う。自分たちの考える不満点を挙げて環境運動の面目をつぶす時、私たちは連帯を築いていると、果たしていえるだろうか。

旱魃

食用の動物飼育が旱魃を促すのに加え、畜産業は動物の給水・給餌・洗浄・屠殺に貴重な淡水を使

訳注1　日本では畜産・養殖業に使われる抗生物質の量が病院で処方される量のおよそ一一倍にも達している。にもかかわらず政府の耐性菌対策は主として院内感染の防止しか図らない。日本子孫基金編『食べ物から広がる耐性菌』（三五館、二〇〇三）を参照。

うことでさらに事態を悪化させる。カリフォルニア州を例にとってみよう。私が暮らすこの州も乾燥状態と無縁ではない（これを書いている現在、カリフォルニア州は深刻な旱魃を迎えて四年目に入っている）。しかも同州はアメリカ一の酪農地域で、ふんだんな水を要するアルファルファを牛の飼料として大量消費する。いくつかの試算によれば、州の帯水層に存する水の半分近くは畜産業に費やされる。西海岸の牛を飼育するのに加え、畜産業者は今がチャンスとばかりに、成長中の中国の酪農業界へ向けてアルファルファを輸出している――そしてそのためにコロラド川から年間一〇〇〇億ガロン〔約三八〇〇億リットル〕ほどの水を引く。これだけの水があれば一〇〇万世帯の年間家庭需要を満たすことができる。

つまり、工業化した畜産業は気候変動を進め、それが今度は旱魃を広げ、かたや企業は残るわずかな水を費やしながら生態系破壊に繋がる営為を続けるのである。

水の浪費では大型畜産業が桁外れであるにもかかわらず、大手メディアは旱魃を取り上げる際に、アーモンドや柑橘（かんきつ）の農家など、他の業者を責める傾向にある。なるほどこれらの作物は他と並んで大量の水を必要とするには違いないが、動物性食品よりははるかに効率よく生産でき、したがって環境にやさしい。例えばわずか一オンス〔約二八グラム〕の牛肉を生産するだけでも一〇六ガロン〔約四〇一リットル〕の水が必要なのに対し、同量のアーモンドは二三ガロン〔約八七リットル〕の水でつくれる。確かにそれもわずかなナッツを得る割には大変な量に違いないが、動物の飼養と屠殺に比べれば格段にマシで、しかも動物にやさしい。

カリフォルニア州の危機が深刻化したあまり、一二を超える沿岸都市が海水淡水化施設を設けて塩水を飲用水にする案を検討している。これは信じがたいほど費用がかかる上、各施設が大量のＧＨＧを排出し、海から一日何百万ガロンもの水を吸い上げて海洋生物にも害をおよぼしかねないなど、環境面での危惧も山積した選択肢である。旱魃だけに注目しても、地球の未来を憂える人々がみな脱搾取派となるべき充分な理由になる。

消えゆく野生動物

肉食が動物に影響するという時、私たちは普通、人に消費される動物の中心をなす牛や鶏、豚、魚を思い浮かべるが、野生動物（「自由な動物」とも）とかれらの暮らす環境も同じく影響を受ける。北側諸国でそれが最も顕著にみられるのはおそらくアメリカで、そこでは牛肉男爵らが我が物顔で牛の放牧地を広げ続けてきた――従来であれば、ろば、馬、狼、コヨーテの棲んでいた土地である。狼とコヨーテは食物連鎖の頂点に立つ捕食動物だが、牧場主らはかれらを憎んでいるといっても過言ではない。ろばや馬も嫌うが、理由に違いがある。牧場主に言わせれば、ウマ科の動物はまぐさや水をめぐって牛と争う。それに対し、食肉業界が狼やコヨーテを憎むのは、この在来の肉食動物が文字通り牧場主の利益を喰らうことによる。皮肉にも、狼やコヨーテの本来の獲物であるアンテロープやバイソンを組織立って殺戮し、飼い馴らした畜産用の動物に置き換えたのは牧場主や農家たちだった。空腹のイヌ科動物にとって、獲物が人間の消費用であるかどうかなど関係ない。

何世紀にもわたり、牧場主らは放牧地へ入った野生動物を相手に、暴力的だが目に見えにくい戦争を仕掛け、しばしば連邦政府をも頼りとしてきた。合衆国農務省の野生生物局(サービス)というおかしな名前の機関（同局は何ら野生生物へのサービスなど行なっていない）と土地管理局（ＢＬＭ）は食肉業界の雇われ刺客で、納税者がその資金を負担する。野生生物局が主にヘリコプターを使って狼やコヨーテを狩る一方、ＢＬＭは野生のろばや馬を「管理」すべく、一度に数百頭単位で駆り集め、その家族や社会構成を引き裂く。幸運なろばや馬は草原に移されるか人に引き取られる一方、他は殺されて動物園の大型ネコ科動物に餌として与えられるか、あるいはひそかにカナダやメキシコ、つまり人の消費用に馬を殺してよい国々へ輸出される。

　野生生物局は他方、放牧地の牛を脅かす捕食動物だけでなく、鹿や箆鹿(へらじか)も殺すことで牛の餌を確保しようとする。空中射撃のほか、同局はトラバサミ、首くくり罠、それにM44といって、犠牲となる動物の口や鼻にシアン化ナトリウムの毒霧を広げて恐ろしい苦しみを味わわせ、環境中にも毒性化学物質をまき散らす装置を用いる。野生生物局は政府の保護する白頭鷲(はくとうわし)のような動物、それに犬や猫も日常的に殺害するが、その一切は巻き添え被害とみなされる。同局はビーバーのような、巣づくりをする重要な動物までも、ダムが放牧地を水浸しにするとの理由から爆発物で殺戮し、往々にして魚や川獺(かわうそ)も同時に吹き飛ばす。

　しかし食肉業界にとっては狼こそが真の「害獣」で、利益保護のために業者は狼の殺害権を何としてでも保持しようとする。狼を殺せば捕食が防げるという説を牧場主らが頭から信じているのかどうかは分からないが、二五年間のデータを調べた二〇一四年の研究によれば、狼の殺害は牛の襲われる確率を五から六パーセント上昇させたそうで、これは狼の殺害が群れの行動を乱し、孤立した狼が縄張りを超えて狩りをするようになった結果と推測される。[原注3] 嘆かわしくも、食肉業界は牛や羊を殺す狼その他が消え去るまで満足しそうにない。実際、それがカリフォルニア州の灰色熊がたどった運命で、かれらは牧場主や農家を支える猟師らの手で、一九二〇年代に絶滅へと追いやられた。

その気がなくとも食肉業界は環境に惨事をもたらす存在で、これは業界の発足当初からそうだった。牛のような体重のある有蹄類（ゆうているい）をヨーロッパから持ち込み、北アメリカで放牧したことは、生態系の悪夢となった。鹿や箆鹿のように食物を探し回る在来の哺乳類と違い、牛は一カ所で集中的に草を食べる習性があり、食べられるものがなくなるまでそれを続ける。摂餌（せつじ）中に牛は川岸の植生を踏みつけ、自生の草と野花を根こぎにして外来の雑草を茂らせ、河川の流域を損ない、表土を風雨の浸食にさらす。生物多様性センターによれば、「乾燥する南西部では家畜放牧が最も広範囲にわたって生物の危機をもたらす原因である。植生の破壊、野生生物棲息地の損傷、自然の働きの攪乱によって、家畜放牧は川岸、河川、砂漠、草原、森林を生態学的に荒廃させ、生物とその生存を支える生態系を大いに害する」。[原注4]

ほかの土地でも人類の肉食嗜好は動植物相のあらゆる種を一掃しつつあり、生物多様性に富む国々――アフリカ、アジア、南米などの諸国――は土地を伐り拓いて牛や山羊、羊、それにこの動物たちを養う作物を育てる。状況が特に深刻なのは、生態系の生物多様性が抜きんでた熱帯の国々である。科学者らの予測では、食肉生産が今の割合で成長を続ければ、国によっては需要を満たすために現在の一・五倍にもなる土地を使うこととなり、この産業が種の絶滅の最大要因になるという[原注5]（ましてそこには気候変動や汚染のような他の弊害も加わる）。

環境人種差別

環境問題が人種問題と交差する場合、一般には環境人種差別が生じる。これは大気汚染や飲用水汚染のような環境上の危険が、有色人種の人々、それも大抵は医療を受けられない人々に不平等な形で影響するという一種の差別を指す。例えば農場労働者とその子供たちは、近郊の作物に散布される農薬を日常的に体に浴び、工場式畜産場のそばに家もしくは職場を持つ家族は、呼吸器疾患や頭痛、蝿(はえ)による家の襲撃、さらに畜産場で日々生じる混合毒物が原因で、抑鬱(よくうつ)や疲労の増加にも悩まされる。中でもひどいのはノースカロライナ州東部で、その黒人・ラテンアメリカ人・先住アメリカ人居住区には、何千もの工場式養豚場――とそれに付設された巨大な開放型の肥溜め――が集中し、住民の健康を害する、水を汚染する、外に干す洗濯物に糞〔の粉〕をまき散らすなど、様々な問題を引き起こしている。

しかも問題になるのは工業化した畜産場だけではない。差別的隔離は人種に沿って多くの地域を分断し、地区の埋立処分場、ゴミ捨て場、廃品置き場、鉄道駅、集中する高速道路、石炭発電所のような汚染施設が位置する開発地には大抵、白人でない住民が暮らす。さらにこれらの地域は、極度の貧困、インフラの劣化、住宅の荒廃、都市の風化、学校の不足、慢性的な失業状態を特徴とすることが多い。

環境正義運動を批判する者は時に、これらの状況が人種差別に関係するという説を否定するが、二〇一四年のとある研究は両者の関係を示唆する。ミネソタ大学の研究者らは、隣接する国内地域の二酸化窒素（NO_2）による大気汚染にみられる不平等と環境不正を調べた結果、有色人種が白人より三八パーセントも多くのNO_2を吸っていると明らかにした。[原注6] NO_2は主に輸送機関や発電所における燃焼から生じて、心臓病のほか、喘息（ぜんそく）などの呼吸器疾患を引き起こす。論文の著者らは、NO_2曝露の不均衡が心臓病の死者にして年間七〇〇〇人ほどの差になると試算するが、この開きは所得の不平等よりも大きい。論文いわく、全国的にみると有色人種は綺麗な町でさえ白人よりも有害物質に曝露されやすく、大都市の規模と人口密度が膨れ上がる中、人種は不平等の要因としてさらに大きな比重を占めつつある。これは明らかに単なる所得の大小による違いではない。この研究結果は、豊かな有色人種の人物でさえも、貧しい白人が住む地域より環境の劣る居住区に暮らす傾向があることを示している。

　環境人種差別の対抗運動を牽引するロバート・D・ブラードは、アフリカ系アメリカ人の一〇人に八人が、自分たちの人種が多数派となる地域に暮らしていると指摘する。「多くの人種や民族の場合、教育や所得や職業的地位が上がるにつれて地域隔離は減る。しかしアフリカ系アメリカ人にこれは当てはまらない。アフリカ系アメリカ人は教育や所得、あるいは職業上の地位に関係なく、その人種ゆえに、高い犯罪発生率、高い死亡率、実りのない教育制度、荒れた周辺地域、大きな環境脅威に悩まされる。例えば人口の密集するロサンゼルス地区の南岸大気盆地[訳注2]では、アフリカ系アメリカ人の七一

訳注2　均質な気象・地理条件によって固有の大気質が保たれた地域。

パーセント以上、ラテンアメリカ人の五〇パーセントが最も大気の汚染された地域に暮らす一方、白人はわずか三四パーセントしか汚染度の高い地域に暮らさない」(原注7)。

有色人種が環境面での影響を受ける土地といったら、メキシコ湾岸以上に破滅的な場所は中々思いつかない。二〇〇五年八月に同地を襲ったハリケーン・カトリーナは一八三六名の人々――ほとんどは黒人――を殺し、さらに数万の人々とその伴侶動物たちの家を奪った(原注8)。最悪の人命被害を受けたのはニューオーリンズで、嵐の通過は粗末な堤防を壊し、押し寄せる鉄砲水が洪水に弱い地域を襲った。洗い流された地域の大半は海抜の低いところに位置する貧しい労働者の集落、それに教育ある専門家や事業主の黒人らが暮らす居住区だった(原注9)。一方、フレンチ・クオーターやアップタウンやガーデン地区のような、主に白人住民からなる海抜の高い地域は最悪の被害を免れた。これらの地域に暮らす住民は公共交通機関や充分な都市インフラを難なく利用でき、頭上を走る高速道路や工業的な運河といった、貧困地帯で一般的な環境負荷を受け入れる必要もない。

こう言っても過言ではないと思うが、アメリカに暮らす黒人の大半にとって、気候変動の象徴は溶けゆく氷盤にたたずむ白熊ではなくカトリーナである。科学者と環境活動家は海水温の上昇がカトリーナのような嵐を激化させると警告しており、経済的、社会的、政治的、文化的、制度的、その他の面で周縁化された人々は特に脆弱な立場に置かれる。悲しい皮肉は、かれらの住む地域に、破滅をもたらす有害施設がよく見られることである。

「ハリケーン・カトリーナとその余波は、今後の環境災害が貧困層を最初に最悪の形で襲うことを教えてくれた」と環境保護論者のバン・ジョーンズは記し(原注10)、黒人、ラテンアメリカ人、アジア人は環境保護に深く関わっていくべきだと唱える。「端的に言って、アメリカの緑化は白人の大学生よりも有色人種にとってはるかに直接的な意味を持つ」[原注11]。なお、危機にある北極の大型動物については、「この国は北極熊と貧しい子供を同時に救える」とジョーンズは言う[原注12]。

環境人種差別はもちろん、アメリカだけの現象ではない。経済のグローバル化は世界中の人々の生活環境を劣化させた。しかしアメリカと同様、他の地域でも、特権者が被害を免れる一方、その川下や風下に住む先住民その他の有色人種が最悪の被害に遭う。例えばパーム油のような商品の生産を目指した森林伐採は、結果として現地人から、健全な環境に暮らす権利を奪う。先住民の頼る自然資源を組織的に消し去ることで、パーム油会社は食料不足を生み、地域住民の生活基盤を損なう。のみならず企業が好き放題に使う毒性の肥料と化学物質——二五種類前後の農薬・除草剤・殺虫剤——は土壌と地下水と作物を汚染し、パーム油の加工場は未処理の廃液を何トンも河川や土中に放出する。そして列なす油やしを植えるために木々の茂る景観が焼かれる際には、一帯が煙に覆われ、人々はマスクの着用を余儀なくされる。

世界の環境破壊は、工場式畜産の急拡大、あるいはパーム林開発や畜産飼料の栽培に向けた皆伐など、ほとんどが食料生産によるものだが、他の産業も無関係ではない。化学物質の製造、鉱物や天然資源の採掘、木材伐採、発電は、いずれも環境と地下水と土壌を汚染し、世界中の村や町を毒まみれにする。さらに問題なのは、そうした汚染業者の多くが多国籍企業の所有・運営下にあることで、当の多国籍企業は納税を免れ、地域の政府に影響力を振るい、貴重な土地や淡水を使うなど、特別な恩恵の数々に浴している。

エコフェミニズム

脱搾取（ビーガニズム）の倫理を掘り下げ、それと環境との関わりを考えるに当たっては、畜産業が気候変動を進め、生態学的調和を乱し、生態系を損なう点もさることながら、自然界に対する人類の支配と優越意識が、自然の内在的価値を見えなくする実態にも目を向けなければならない。エコフェミニストらはそこに着目していて、私たちはその視点を通し、環境と性の問題を関連付けて捉えることができる。エコフェミニズムについては前章でも触れたが、本章の議論にその哲学を含めないようでは怠慢のそしりを免れないだろう。

その名が暗示する通り、エコフェミニズムは環境論（エコロジー）とフェミニズムの問題を結び付ける。エコフェミニストは自然界をフェミニズムの考察対象と見据え、逆にフェミニズムの問題を地球との関連で捉える。実践と学問にまたがる運動のエコフェミニズムは、自然の搾取・抑圧が女性や有色人種などの被支配集団に対する搾取・抑圧と根本の部分で繫がっていると理解する。したがって環境保護の取り組みは人間の抑圧を克服する試みと重ならなくてはならない。

この連関に迫る方法として、エコフェミニストは父権的な二元論に光を当てるが、それは世界を対立する二つの概念に分け、その一方を優れたものとみなしつつ、他方を劣るものとして差別する——男性／女性、白人／黒人、精神／肉体、理性／感情、人間／動物、文化／自然、文明／未開、などなど。一部のエコフェミニストが「支配の論理」と呼ぶこうした思考（原注13）のもと、自然は《人間＝男性》、特に白人男性に支配されるべきものとみられ、同時に女性、有色人種、動物もモノ化と支配の対象になる。こうして、この優劣の論理は環境搾取を超え、性差別、人種差別、種差別をも含む抑圧システムの維持に利用される。そしてこれらの差別が自己保存的に（人間と人間以外の）女性身体を統べるのと同じく、父権制は自然界を（「母なる自然」「母なる地球」「多産な大地」といった形で）女性化し、消費すべき経済資源へと変える。

つまりエコフェミニズムの目標は、そうした諸々の二元論を切り崩し、人類が組織的に特定の人間集団と環境をしたがえるあり方を批判的に考えることにある。私がエコフェミニズムという概念の意義を心から理解したのは、「動物の権利を求めるフェミニスト会」共同創設者、マーティ・キールに会った時だった。マーティは二〇一一年に他界したが、生前はサンフランシスコ・ベイエリアに立つ美しい私宅のリビングで多くの談論を主宰した（友人でもあった精力的な作家のジェフリー・マッソンはここで、脱搾取を扱う著作の構想について人々と論じ合う機会を得た）。私は幸いにも二つの会に参加できたが、どちらの日も部屋はこの界隈の有名人で埋め尽くされていた。けれども私の記憶に何より強く残るのは、マーティが静かな温かみですべての参加者を迎え、会話の流れを途切れさせなかったことである。彼女は動物の権利文献の蔵書数も私が見てきた中で群を抜いていた。妻と私は、現在その何冊かを持っていることを自慢に思っている。

しかし私にエコフェミニズムへの関心を芽生えさせたのはマーティ自身の本で、中でも二〇〇八年の著作『自然倫理――エコフェミニズムの視点』は大きかった。同書でマーティが指摘するように、一部の（男性）自然倫理学者は、人間と自然を異質なものとみる必要を強く訴えてきた。が、それは私たちが、心の底では自然界と繋がりたいと望みながらも、そこから離れることを意味する。すると、人は自然界との繋がりを実現すべく統制と暴力に向かい、その衝動が野生動物を狙う狩猟などとなって表われるとマーティは説く（自然征服へ向かう同じ衝動が見られるのがサーカスやマリンパークで、そこでは人間が動物を「調教」し、暴力を匂わせる脅迫や餌の剝奪なしではありえない曲芸を演じさせる）。

環境正義とフェミニズムは女性の健康をめぐる問題においても交差する。ファストフード・チェーンのKFCが乳癌（にゅうがん）対策に取り組む有名な非営利団体〔スーザン・G・コーメン・フォー・ザ・キュア〕と結託して、鶏の脚、胸、その他の身体片を詰めたバーレル〔紙バケツ〕を売り出した時、エコフェミニストらはこれを明白な乳癌商法（ピンクウォッシュ）だと指摘した。乳癌商法は乳癌アクションという団体の造語で、乳癌対策の象徴物（ピンクリボン）を商品に付けることで、その購入が死の病への対抗策になると消費者に信じ込ませ、売り上げに繋げる手法を指す。(訳注③) この提携は乳癌に繋がりうる食品の購入を促した点もさることながら、KFCが低所得者の居住地域、すなわち糖尿病や肥満や癌といった健康問題が不釣り合いに多くみられる地域に店舗を集中させる点からも批判された。同じような乳癌商法はヨーグルト会社のヨープレイにもみられたが、こちらは当時、乳癌のリスク上昇に関わるとされる牛成長ホルモン、rBGHを投与した牛の乳液を使って商品を製造していた。

健康な自分、健康な惑星

脱搾取の倫理を支持する理由は多数あり、環境を思う心もそれに数えられる。大きな全体の中の一部として、私たちは自分自身に対してだけでなく、ともにこの星に住まう者たち、さらに突き詰めればこの星自体に対し、責任を負う。菜食が健康に良いことは昔から知られているが、環境にも良いことは最近になって分かった。合衆国農務省の食事ガイドライン諮問委員会は二〇一五年に五七一ページの科学報告書を刊行して、有機の菜食は資源と生態系に与える影響が最も小さいと述べた。(原注14)

食料生産の水使用から畜産業に関わるひどい浪費と汚染までを考えると、脱搾取は誰にとっても明らかに良い道といえる。念頭に置きたい現実をいくつか付け加えるなら、次の通りである。

・ハンバーガー一つをつくるには四五〇ガロン〔約一七〇〇リットル〕の水が要るのに対し、オレンジ一つを育てるなら一三ガロン〔約五〇リットル〕の水で済む。(原注15)
・牛乳一ガロンの生産には八八〇ガロンの水を要する。(原注16)
・畜産業は一年間に、二酸化炭素換算で最低三二〇億トン分の温室効果ガスを排出する――これは世界の温室効果ガス排出量の五一パーセントに相当する。(原注17)
・畜産業は亜酸化窒素排出の六五パーセントを占めるが、このガスは二酸化炭素の二九六倍の温室効果があり、大気中に一五〇年間留まる。(原注18)
・酪農業で利用される泌乳牛(ひつにゅうぎゅう)は一日におよそ一五〇ポンド〔約七〇キログラム〕の糞を出すが、これは窒素三三〇ポンド〔約一五〇キログラム〕、燐(りん)五六ポンド〔約二五キログラム〕、カリウム三六ポ

訳注3　「環境にやさしい」という謳い文句のもと、環境配慮を心がける消費者に商品を売り込む手法はグリーンウォッシュ（エコ商法）と呼ばれ、同様の手口に数えられる。

ンド〔約一六キログラム〕を含む。[原注19] にもかかわらず工場式畜産場は汚染規制を免れてきた。

・肉食から菜食に切り替えた人は炭素排出を年間一・五トン減らせる。[原注20]

・毎秒一・五エーカー〔約六〇〇〇平方メートル〕の熱帯雨林が伐採されつつある。[原注21]

・熱帯雨林破壊の最大原因は畜産業と飼料作物の栽培である。[原注22]

ここまでは動物の権利、脱搾取、人間の権利、環境、ならびにその重なりをみてきた。しかし、これらの運動と他の抑圧に関わる取り組みの共通性を認識するのは、作業の一端にすぎない。より難しく、しかもより重要なのは、この絡み合いを踏まえてどう連帯を築き、世界に広がる抑圧制度の廃絶へ向け進んでいくかである。そこで、次の章を未来のロードマップとみてほしい。そこでは脱搾取の倫理が抽象的な理想に留まらず、私たちのめざす平和と正義と平等にもとづく世界を実現するための方法論となる。

【原注】

1 John Upton, "Going vegetarian can cut your diet's carbon footprint in half," Grist.org, June 27, 2014.

2 www.foodandwaterwatch.org/reports/antibiotic-resistance-101-how-antibiotic-misuse-on-factory-farms-canmake-you-sick/

3 Robert B. Wielgus and Kaylie A. Peebles,"Effects of Wolf Mortality on Livestock Depredations," *PLOS One*, December 3, 2014.

4 www.biologicaldiversity.org/programs/public_lands/grazing

5 Brian Machovina, Kenneth J. Feeley, William J. Ripple, "Biodiversity conservation: The key is reducing meat consumption"*Science of the Total Environment*, Volume 536, December 1, 2015.

6 Lara P. Clark,Dylan B. Millet, and Julian D. Marshall,"National Patterns in Environmental Injustice and Inequality: Outdoor NO_2 Air Pollution in the United States," ***PLOS One***, April 15, 2014.

7 Robert D. Bullard,"Confronting Environmental Racism in the Twenty-First Century," *Global Dialogue*, Volume 4, Number 1, Winter 2002.

8 www.datacenterresearch.org/data-resources/katrina/facts-for-impact/

9 Reilly Morse, "Environmental Justice through the Eye of Hurricane Katrina,"Joint Center for Political and Economic Studies, Inc., Washington, DC, 2008.

10 Van Jones, "The New Environmentalists,"*ColorLines*, Issue 39, July/August 2007.

11 Ibid.

12 Van Jones, *The Green Collar Economy: How One Solution Can Fix Our Two Biggest Problems*, HarperCollins, 2008, page 22.

13 支配の論理について、より詳しくは*Ecofeminist Philosophy: A Western Perspective on What It Is and Why It Matters* by Karen J. Warren(2000) や ***Feminism and the Mastery of Nature*** by Val Plumwood (2002) ならびに Greta Gaard, Lori Gruen らの著作を参照されたい。

14 United States Department of Agriculture, "Scientific Report of the 2015 Dietary Guidelines Advisory Committee,"February 2015.

15 http://water.usgs.gov/edu/activity-watercontent.html

16 http://environment.nationalgeographic.com/environment/freshwater/embedded-water/

17 www.worldwatch.org/node/6294

18 www.fao.org/docrep/010/a07 01e/a0701e00.htm

19 James M. MacDonald, Marc O. Ribaudo, Michael J. Livingston, Jayson Beckman, and Wen Huang, "Manure Use for Fertilizer and for Energy—Report to Congress,"USDA Economic Research Service, June 2009.

20 www.newscientist.com/article/dn25795going-vegetarian-halves-co2-emissions-from-your-food

21 www.savetherainforest.org/savetherainforest_007.htm

22 www.fao.org/ag/mag azine/0612sp1.ht

第五章　思いやりある世界

Chapter 5

On a More Compassionate World

犠牲者が人間であれ動物であれ、残忍を残忍と認める勇気を私たちが持たないかぎり、世界が見違えるように良くなることは望むべくもない。

――レイチェル・カーソン

私や他の大勢の考えでは、脱搾取(ビーガニズム)の倫理は思いやりを本質とする。脱搾取の実践とは、消費者たる自分の特権が変化を起こせるという認識のもと、自分なりの非暴力の輪を広げ、それにしたがって行動することを指す。禅僧の平和活動家（かつ脱搾取派(ビーガン)）のティク・ナット・ハンは、「思いやりは動詞だ」と言った。

思うに、人間や他の動物の権利を無視する、つまり、尊厳や自由を否定するなどしてかれらを虐げることは、私たち皆が解放を欲しているという事実を無視することにほかならない。苦しみは一つで、それが諸々の種、人種、性、階級、宗教を、きわめて具体的な形で結び付ける。私たちは孤立して存在しているのではない。一つの抑圧をぬぐい去りつつ他の抑圧の隆盛を許すことはできない。それは端的にいって、不可能である。

ところが時として、人権活動家は動物の権利論を認めても、自分にはやることが沢山あるので人間以外の動物擁護にまで時間を割けないと口にする。が、動物を助けるのに余分な時間を割く必要はない。脱搾取派(ビーガン)になって、植物性の食べものを食べ、動物不使用の衣服を着て、動物実験を経た製品を避け、誰であれ他者を搾取するビジネスを応援しないようにすれば、変化を起こす主体になれる。

同じく、脱搾取派と動物活動家も権利なき人々の抑圧に反対することができる。手始めは白人以外の文化をけなす言葉を使わないところからである――犬を食べる中国人は「野蛮人」だ、闘牛を観戦するスペイン人は「非文明的」だ、チャレアーダ（ロデオ）を支持するメキシコ人は「サディスト」だ、象を殺すアフリカ人は「悪い奴ら」だ、など、例はいくらでも挙げられる。これらの痛罵（つうば）は、そこで名指しされる国の大半の人々が普通は当の動物虐待に反対していること、そして西側諸国がそれよりはるかに多くの蛮行を行なっていることを全く顧みていない。

連帯を築く

ただし脱搾取の倫理が求めるのは言葉を見直すことだけではないだろう。これまでに論じてきた通り、種々の抑圧は手を携えるので、繋がり合う解放を成し遂げるには連帯を築き、すべての差別をしりぞけるほかない。これが運動間の団結に際しての約束で、各運動はそれぞれの使命の枠を超えたところにいる者たちの権利を承認し擁護しなければならない。団結努力は、不完全ではあれ世界の最も重要な改善のいくつかを成し遂げた。児童労働規制法は労働組合、宗教団体、児童擁護者の合同努力に押されて制定され、一九六四年の公民権法と翌年の投票権法は労働活動家が公民権運動と力を合わせた末に採択された。

とはいえ、解放運動はまだ中途段階にある。動物の権利団体は公民権や同性愛者の権利や女性の権利を求める戦い――欲を言えばそのすべて――を積極的な行動計画に含める必要がある。また、それに劣らず重要なこととして、人権侵害の打倒に取り組む組織は、種差別にも挑むべきである。

これまでにもいくつかの進展はみられた。フード・エンパワメント・プロジェクトは多様な食の選択を通して人々の自立を促し、シスター・ビーガン・プロジェクトは抑圧システムの働きに目を向け、LGBTQのエコフェミニストらが率いるVINEサンクチュアリは、鶏や牛などの動物を救助しつつ、動物・環境・社会正義活動家の協力を促す。「私たちのヘン・ハウス」は非営利の動物の権利団体でありながら同性愛者の権利を求める活動も行なう。ウェルフェッド・ワールドは、人々の家庭を養うことと菜食を促すことを二本柱の使命とする。#ノット1モアという団体は不当な反移民法に抗議しつつ、日雇い労働者やLGBTQの未登録移民ほか、強制送還の対象となる人々に味方する。「健康のための黒人女性会」は生殖・人種・性・環境に関わる正義を求める。このほか、包括的な解放運動を行なう組織は複数存在する。

残念ながら、こうした団体がごく例外的なのは、かれらがまさに例外だからである。動物の権利団体は、すべてではないにせよ多くが白人男性の指揮下にあり、そのもとに主として白人女性からなる運動が形づくられる。運動参加者の女性たちは種差別との戦いを名目にしばしばモノ化され、性差別的なキャンペーン（ポルノ風の演出など）に利用されるが、これは一つの抑圧に人目を集めるために他の抑圧を使う手にほかならない。動物解放運動に存在する性の序列が、こうしたことのすべてではないにせよ、いくつかに関わっている。

もっとも、多くの女性（といくらかの男性）が運動の流れを変えつつある。かれらのみるところ、少なからぬ動物の権利活動家は、動物解放を超える取り組みを軽視し、自分たちは食料・娯楽・研究その他のために利用される動物たちの惨状のみに力を傾注すべきだと信じている。私たちの祖父母らはこの種の浅慮を「木を見て森を見ず」と言った。今日の私たちはこれを「単一争点」と呼ぶが、大きな運動には例外なくその該当者がいる。単一争点とは、一つの問題に注目して他を無視する――しばしば犠牲にする――態度を指す。これに囚われると、注目する当の問題が様々な課題や運動の交差する大きな背景の中でどのような位置を占めるかが認識できなくなる。

単一争点とは、アザラシ猟をやめるまでカナダの「水産物」を買わないなどの態度をいう。

単一争点とは、闘牛反対キャンペーンを広めるために性差別的な画像を用いる態度をいう。

単一争点とは、動物成分を含まないとの理由で飲料を買い、その製造元である企業が労働者の虐待や水の私有化、環境汚染といった不正を行なっていることに考えをおよぼさない態度をいう。

単一争点の活動が失敗するのは、一社会正義問題に集中すると他の人々や集団を無視もしくは周縁化することになり、不正や解決策の模索について明晰な見通しを持てなくなるからである。私は動物弁護基金の創設者ジョイス・ティシュラーから聞いた話を思い出す。一九八一年、ジョイスは米海軍がカリフォルニア州チャイナ・レイクの兵器試験場で六〇〇頭の野生ろばを射殺した上、さらに五〇〇〇頭を殺そうと計画していることを知る。ジョイスはろばがどんな生きものかも知らなかったが、一夜を徹して多数の嘆願書を書き、国家環境政策法のもと、海軍は環境影響評価を経ずにろばを殺すことはできないと論じた。係争は八カ月におよんだが、彼女は勝利した。環境団体の力添えがあれば助かったろうが、そうした組織は砂漠の希少植物を食べるろばを「害獣」扱いする、とジョイスは振り返った。

特定の運動で特定のキャンペーンに力を注ぐのが悪いとは言わない——ろばのためにジョイスがしたのもまさにそれだった。言いたいのは、一つの抑圧に的（まと）を絞る姿勢——反種差別の活動だけに価値があると考えるなど——が、ある集団の行為を他よりも悪いとする考えに繋がるという点である。和歌山県太地町がイルカ猟を行なっているから、日本人は「悪魔」なのだろうか。もちろん違う。多くの日本人は例年実施されるこの猟を知りもせず、知る人の多くはそれに抗議する。(訳注①)「あの連中」は冷酷だ、貪欲だ、等々のあざけりによる憎悪発言は、良くても不寛容で、悪ければ人種差別になる。

変革に取り組む団体は時に、居心地の良い範囲を超える戦いに関与すると——例えば環境団体が動物の権利団体を助けたり菜食を勧めたりすると——そうした点に賛同しかねる支持者が離れていくと考える。が、思いやりの輪を広げ、広汎な不平等に目を向ければ、狭い料簡（りょうけん）の何人かは離れても、より多くの支持者が集まるとは考えられないだろうか。

種差別の当然視

本書の主題の一つは、抑圧を単独で考えてはならない、という点であり、それはもろもろの抑圧がみな、大抵は暴力や暴力の脅しを支えに、特権・統制・経済力によって結び付いているからである。抑圧に上下はなく、それらはいずれも咎められるべきだが、活動家で著述家だった故ノーム・フェルプスが述べた通り、種差別は特異な抑圧で、その加害者には脱搾取派でない他の被抑圧集団の人々が加わる。(原注1) したがって、他の不正は人々を別々の集団に分けるが（特権を持つ／白人の／男性の／異性愛者と、迫害された／黒人の／女性の／ＬＧＢＴＱなど）、種差別は人々を一つにする。人間以外の動物の搾取は、食品、衣服、娯楽、科学研究、その他、紛れもない種々様々な人間の「便益」を生み、それが自分の生活の質を高めると思わない人物はまずいない。動物を食べ、着ることは、大半の人々の日常である。

実際、抑圧のシステムは社会の「規範」とされる物事を軸につくられるが、社会の中で動物の利用と消費ほど規範的とされる物事も少ない。なので動物解放の訴えは得てして他の社会正義活動家から無視される。人間以外の犠牲者に共感するのは難しく、まして自分が搾取の恩恵に浴している実感があればなおさらそうに違いない。他と異なり、動物虐待は人類のおよそ九七パーセントを「利する」抑圧である。というわけで、反種差別活動家はまず、他の被差別集団に属する人々、フェミニストや黒人の団体も含め、「動物」という言葉自体に悪い意味を読み取りかねない人々の懸念を払拭しなければならないのに加え、他の運動との連帯を築く方法をめぐっても苦心することになるだろう。[原注2]

パトリス・ジョーンズは二〇一四年の著作『交差上の雄牛たち』の中でこの奮闘を見事に論じた。この本は多様な活動家が結集して二頭の雄牛、ビルとロウを救おうとしたキャンペーンを振り返る。二頭の牛はくびきで繋がれ、バーモント州の小さな大学で一〇年間にわたり畑を耕していたが、大学

訳注1　地域差はあるかもしれないが、和歌山県太地町のイルカ猟はむしろ全国的に有名で、しかも日本人の多くから支持を得ているというのが訳者の感覚である。無論、その背景には捕鯨反対運動を白人による日本人差別と宣伝してきた日本政府、捕鯨業者、広告代理店の世論操作があり、それらの工作によって掻き立てられた被害者意識が人々を捕鯨擁護に向かわせている。捕鯨批判が人種差別と混ざり合うようなことがあってはならないが、無批判に宣伝に乗せられる大衆の傾向は咎められてよい。なお、日本人もアジア諸国の犬肉食を批判する文脈でしばしばヘイトを口にする。

の役員は老いた牛を用なしとみて、ハンバーガーにしようと考えた。この計画がメディアで報じられた時、ジョーンズは思いやりある解決として、二頭をＶＩＮＥサンクチュアリに引退させるのはどうかと提案したが、大学側は牛を「別目的で使う」、つまり屠殺して遺体を学生食堂に提供するといって譲らなかった。

ジョーンズの語りは、種差別だけでなく、人種差別、性差別、同性愛差別、さらに障害者差別にも触れる。ロウは地栗鼠（じりす）の穴に嵌（は）まって足首をくじき、「健常体」とみられなくなったことから屠殺が決まった。私たちの理解する「権利」は、能力が具わることを暗に基本権の条件とし、社会の「有用」な一員でなくなった者――罪を犯して刑務所に入った者、あるいは障害を負った者など――は権利を奪われかねない。その者はもはや道徳的地位を持たない。これがロウのような存在の立場で、彼が生命、自由、身体の自己管轄といった基本権を否定されるのは、特定の能力を失い、障害者差別の対象となるからである。「人間の動物支配を正当化する論理は、障害を抱える人々への酷な仕打ちを許す論理と、ただ似ているだけではない」とジョーンズは記す。「両者はまったく同じ論理なのだ！」（原注3）。

ビルとロウを救う試みは失敗に終わるが（大学は二〇一二年一一月にロウを殺し、ビルは不可解にも人々の視界から消し去られた）、この事件は活動家たちが大きく異なる関心から突き動かされうることを示す前例となった。と同時に、これは視点を詰め込みすぎた活動――種、性、人種、階級、男性特権、その他に係る活動――を手がけないための事例ともいえる。事実、ジョーンズは良い結果に繋がったかもしれない戦略はあったと認める。ここでの教訓は、一つで何にでも応用できるといった戦略に頼らず、状況の分析と連帯の結成を慎重に進めれば、成功の見込みは大きくなるということである。

断片化した前線

連帯を築く上では、他の集団の訴えを流用し、さらには侮辱することのないよう、気を配ることが重要になる。例えば二〇一二年に「黒人の命は大切」と称する運動がつくられ、アメリカにはびこる黒人差別に人々の関心を引き付けた。きっかけは黒人少年のトレイボン・マーティンが夜の帰宅中に銃殺され、犯人が無罪となった事件にある。運動の目標は国家暴力をめぐる対話を広げ、黒人を故意に無力な状態とする万般の手口に光を当てることと定められた。黒人解放運動の（再）結成をめざすこの戦術は、司法の外で警察や自警団に殺される黒人の老若男女（アメリカでは二八時間に一人が殺される）に世間の関心を集めるのに役立った。

「黒人の命は大切」運動が始まってほどなく、「すべての命は大切」という言葉がソーシャル・メディアに現われ、動物の権利運動の中で、おそらくはより大きな包括性を求める意図から用いられだした。実際には、これは「黒人の命は大切」という言葉を流用しかつ否定する結果となった。動物擁護者たちは元の標語を誤解し、黒人が人間以外の動物を大切に思っていないと受け取ったのだろう。あるいは元の訴えを拡張したかったのかもしれない（人種差別が論点として狭すぎると言わんばかりに）。が、意図はどうあれ、アフリカ系アメリカ人の団体メンバーが、「すべての命は大切」を「黒人の命は大切**ではない**」と読んだのは無理もなかった。

動物の権利運動が人種差別に接近した例はほかにも沢山ある。人間以外の動物の抑圧を黒人の抑圧と対比しようとする中で、白人の運動参加者はしばしば、両者がいずれも奴隷化されひどい差別に苦しんできた冷遇下の集団だと論じる。しかし先にも述べたごとく、奴隷制を正当化するために抑圧者から人間と認められてこなかった人々――さらに今もなお「動物」や「ケダモノ」と呼ばれる人々――に対し、この対比は望ましい効果を上げない。人間以外の者は引き上げられず、黒人は貶められて疎外感を覚える。これと同じく、食肉産業の中で動物たちが計り知れない苦しみを負っているにせよ、ユダヤ人でない者がその屠殺を「ホロコースト」や「大量虐殺」と称するのは、ユダヤ人社会を動物擁護に向かわせる結果にはならない。ユダヤ人にとってナチスの絶滅収容所を連想させる言葉は、長く続く深甚な痛みを呼び起こす。共通性があったとしても人間奴隷制やユダヤ人のホロコーストといった惨劇を人間でない動物の搾取や殺害と対比すべきではない。それは垣根を越えて運動を大きくする上での妨げにしかならないと私は考える。

思いやりを育てる

ラテン語の語源にさかのぼると、思いやり（compassion）は元来、「ともに苦しむ」ことを意味する。これは感情移入にすぐれた人なら分かることで、私たちは実際、他者の身になってその痛みを強く感じる。私は道端に横たわる動物を見ると、その死や残された者たちの喪失感を思って胸が痛まずにはいられない。また、公民権運動のドキュメンタリーを見ていると、何世紀にもわたり特権者の白人らが黒人を浅ましさの極みである搾取と差別の犠牲としてきたことを思い、羞恥を覚える。私はそれが自分だけの心理でないことを知っている。研究が示すところでは、脱搾取派（ビーガン）や倫理的な菜食主義者（ベジタリアン）は、

人間や他の動物の苦しみを前にした時、雑食者以上の共感を抱く。(原注4)
　多くの心理学者は、共感の有無は選択できないと語る――持つ人は持ち、持たない人は持たないのだと。社会の共感は薄れていると論じる学者もいる。かれらの説では、携帯機器が対面コミュニケーションの代用品になったことで、私たちは徐々に社会的怠惰へ向かい、現実社会の一員ではなくなって自分の幸福だけを気にするようになった。人間の脳は自分だけでなく集団の必要を慮るように進化したが、電子画面に没頭する孤立状態は自分の考えに囚われる不適合の文化をつくりつつあるという。
　インターネットや携帯機器を離れて充実した時間を過ごす意義は私にもよく理解できるが、オンラインにいると共感が薄れるという説は全面的には受け入れられない。また、共感はあるかないかが先天的に決まっているという説にも同意できない。共感は選択だというのが私の考えで、それを支える証拠は増えつつある。そうした研究によると、思いやりのいわゆる「限界」――時間と能力の関係で人間以外の動物しか気づかえないなど――は、私たちが何を感じたいと願うかによって変化する。
　私たちは例えば、ある犠牲者集団に共感するまいと決めることができ、これは「思いやりの衰弱」と称する現象を調べたある研究で指摘された。(原注5) 研究者らが知りたかったのは、人々が個の虐待に怒りを表わしながら、逆説的にも大規模な苦しみにはほとんど、ないしまったく共感を示さないのはなぜなのか、という点だった（例えば人道主義の危機や工場式畜産を考えてほしい）。論文いわく、人は自分を圧倒するかに思える悲劇を前にすると（時として無意識的に）みずからの反応を抑え込む。が、その仕組みをよく意識するように努めれば、私たちはそれをコントロールすることもできるようになるだろうと著者らはいう。つまり、私たちは思いやりの輪を広げられる――この知見は、子供たちの自然な動物愛の大切さと、その思いやりを生涯にわたって引き伸ばすことの大切さを物語る。肉がどこから来るかを子供が知った時に、かれらの思いやりを窒息させてはならない。

共感が生まれでなく育ちに由来することを示すさらなる証拠として、アメリカのある研究は国内で深刻な共感欠如の問題が生じていると論じ、他者への思いやりは一九八〇年代以降、衰えの一途をたどっていると示唆する。このような衰退がみられるのは、人のあり方が当人の共感に影響するせいだと考えられる。そこに着目したスタンフォード大学の研究者らは二〇一四年に調査を行なった。(原注6) すると、共感は生まれつきの固定された特徴でなく高められる能力だと知った人々は、自分と異なる人種集団への共感を強めることに励みだした。そして現に共感は高まったという。

共感の実践

十全に生きる、そして他者のそれを支えるとは、苦痛と不平等に目を向けることを意味する。怒りを抱くきっかけは、動物を檻に閉じ込める不正、女性を偏見で苦しめる不正、子供を隷従させる不正など様々あり、私たちがその犠牲者を憐れむのは自然な心情である。では、私たちの目に犠牲者と映らない者、私たちの憎む蛮行に積極的に手を染める者はどうか。私は読者に、おそらく無理と感じること、少なくともしたくないであろうことを試みるよう求めたい――屠殺場の労働者を思いやる、である。先の章でも、これが難しい目標であることは確かだと言った。

第三章では、動物殺しに雇われる労働者たちが、かれら自身、虐待され抑圧される立場であることを確認した。この人々は多くがビザを持たない移民労働者で、実入りの良い仕事を紹介するとの約束に騙され、新たな国に連れてこられる。そこで待っているのは制度化された暴力、そして危険かつ不衛生な職場と住宅で、これは経済的などん底に陥った人々以外には耐えられない。昇進の見込みもない行き止まりの仕事である。多くは地元の言語も知らないので、自身の権利もまず分からない。

業界は見えざる殺戮装置の中で死の商売に励むため、屠殺場労働者は人々の目から隠されている。といっても、動物を殴りあざけるかれらの姿が潜入活動家の動画に撮られ、電波に載れば話は別だが。そうなると社会や動物愛護者、さらには屠殺場の経営陣までが即座に叫びをあげる。経営陣はほぼ常に当の汚点となる虐待から距離を置き、会社の「人道性」は最高水準であって、犯罪は少数の「腐ったリンゴ」〔逸脱者〕によるものだと主張する。

この手の動画で見てきた虐待は容認できず、私も吐き気がする。しかし勇気があるなら、怒って動物を虐げる労働者たちの顔を見てほしい。かれらはほぼ例外なく低賃金の移民労働者である。指示は監督が下し、監督はかれらを侮蔑的に扱う。労働者たちは叱責され、搾取され、脅迫される。

この仕打ちは今になって始まったことではなく、おおやけにされたのは一九〇六年、作家のアプトン・シンクレアが画期的小説『ジャングル』を発表して、シカゴの食肉処理産業を告発した時だった。胸をえぐる筆致で不衛生なソーセージ生産と悲惨な動物屠殺を叙しつつ、シンクレアはリトアニア出身の移民労働者が雇用主に虐待されながらも、わずかな賃金のために屠殺場で最悪の業務をこなしている様子を描いた（『ジャングル』は結果として食品安全法の制定に結び付いたが、シンクレアの意図は動物でなく労働者の扱われ方に世間の目を向けさせることにあった。今日では、日常的に動物屠殺をこなす、あるいは目にする者が暴力的犯罪におよぶ現象を「シンクレア効果」と呼ぶ）。

労働者の犯す虐待に目をつむれと言う気はない。が、動物の権利運動がかれらを標的にしてその逮捕を喜ぶのは、その方が簡単で、しかも虐待の具体的な犯人（大抵は有色人種）を特定できるからではないかと思う。この人々の搾取を、かれら自身の動物虐待と並べて捉えると、制度化された支配の序列だけでなく、労働者の虐待が動物の虐待を生むという抑圧のサイクルが見えてくる。食品システムの非人道的扱いは長い鎖のように連なり、屠殺場労働者もその一片に組み込まれている。

こうした動物虐待者を名指しで辱める(はずかし)ことで、動物解放運動は他の団体、例えば有色人種、家庭内暴力の犠牲者、移民の人々などと協力する団体と手を結ぶ貴重な機会を逃してしまう。それでもこんな忌まわしい悪事で生活する者に思いやりを抱くなどできないと思う人がいたら、屠殺場に勤めていた多くの元労働者が過去を捨て、動物擁護者になって声を上げていることに目を向けるとよいだろう。アメリカのバージル・バトラー、イングランドのキム・ストールウッド、ニュージーランドのカール・スコットもそんな人々である。

思いやりの恩恵

思いやりはその実践者が苦しみを和らげたいと願う相手（人間であれ人間以外であれ）にとっても恵みに違いないが、実践者本人にとっても恵みとなる。それは私たちに生きがいを与える。しかも研究が示すところによれば、他者への慈善は私たちの幸福と健康を高め、[原注7]人生の苦しみに対する恐れを減らすという。[原注8]体内の老化防止ホルモンDHEAは倍に増え、ストレスホルモンのコルチゾールは二三パーセントも減る。[原注9]霊的修養〔座禅やヨガなど〕をする人なら、思いやりがそうした生の側面を向上させることを実感しているだろう。

つまり、思いやりのある人は大きな心理的安寧を得るとともに、健康で幸福で充実した、しかも長い生を送ると考えられる。多くの人にとって、他者に与えることは貰うことに勝らずとも劣らない喜びとなる。そして当然ながら、思いやりの輪を広げれば親切行為に伴う数々の恩恵はぐんと増す。

　他の研究は、ただ善を行なうだけではダメで、そこに正しい意図がなければならないとほのめかす。ミシガン大学社会調査研究所に属するサラ・コンラートの研究によれば、確かに進んで仕事を引き受ける人はそうしない人に比べ寿命が延びるものの、それは利己的でなく利他的な動機で事に当たる結果にほかならない。[原注10]研究者のバーバラ・フレデリクソンとスティーブ・コールらはそれを生物学の観点から証明する。[原注11]その研究によると、人生の意味や目的を重んじることから生じる、いわゆる幸福主義（ユーダイモニズム）の安寧が高い水準にある人は、癌や心臓病といった数々の病気に関係する細胞性炎症が低いレベルを示したのに対し、即席の満足から得られる幸福、すなわち快楽主義（ヘドニズム）の安寧が高い水準にある人は、そうした不健全な細胞性炎症が高いレベルを示したという。

言い訳

　さらに別の研究は、人々が肉を食べる理由を説明するのに役立つもので、それを実施した研究者の国際チームは、雑食者が自分の動物消費を正当化するために様々な心理的装置（要するに言い訳）に頼ることを明らかにした。[原注12]数ある言い訳の中でも、四つの定番があったので、研究者らはこれを「四つのN」と命名した。被験者らは肉食を正当化するために、人体には肉が欠かせない（最も一般的な「必要〔Necessary〕」の言い訳）、人間は生まれつき肉食だ（「自然〔Natural〕」の言い訳）、誰でも肉を食べている（「普通〔Normal〕」の言い訳）、あるいは、肉はおいしいと言う（「美味〔Nice〕」の言い訳）。

それが思いやりとどう関係するのか。実は、この研究は一方で、こうした言い訳を強く信じる人ほど、他者の苦しみを否定する傾向にあると指摘するのである。被験者の中では、男性の方が女性よりも四つのNを用いたそうで、これは動物解放運動の男女比について分かっていること（女性の方が多い）とも合致する。そして肉を多く食べる人ほど四つのNのいずれかを言い訳に用いる傾向が強かった。

さらに研究チームは、肉食者が正当化を図る上で概してかたくなな態度をとることに気づき、これは「自分の立場に有利な証拠を実際よりも多く見積もる」結果になりうると説明した。つまり肉食者はしばしば、自分の食が世界におよぼす影響を過小評価しようと努める。研究チームの指摘では、人類が生んだ最悪の文化的慣習は、動物食の場合と同じ正当化によって維持されてきたものが多い。

こう考えてみよう。アメリカではかつて、女性の投票権を認めないのは「必要」、他の人間を所有するのは「自然」、同性婚や異人種間の結婚を禁じるのは「普通」、子供の咳止めにヘロインを入れるのは「美味」とされていた。これらの言い訳は現代の私たちにはバカげたものと映る（いや、大半の人には、というべきか）。

他の恐るべき行ないの数々は今なお隆盛を誇るが、人々がその弁護に使う言い訳は、根底にある抑圧が共通するように、いずれも明らかに繋がっている。こうした言い訳を乗り越えることは、思いやりある生活をめざす上で何としても欠かせない。

言い訳を乗り越えて

人が不健全で利己的な行動を正当化するのは様々な理由による。食のことになると、多くの人が認知的不協和に悩むのは疑えない。人間は怠惰なことでも悪名高く、習慣になった行動は容易には変わらない。無理のないところに留まっていれば安心でき、人生は充分つらいと思って単に真実から目を背ける方が楽に思える。お気に入りのビーガン・チョコレートを見つけた時に、どうしてカカオの収穫を強いられる西アフリカの子供のことまで考えなくてはいけないのか。思い出すのはあるレストランでのこと、夕食の相手がチキンカツを注文した際に、私が食肉産業での鶏の扱われ方を語りだすと、彼女は顔をしかめてとっさにこう言ったのだった。「やめて！　聞きたくない！」。彼女にとっては、動物が好きだと言いながらその苦しみを生む行為に加担していると認めるよりは、否定の中に生きる方がやりやすい。多くの消費者と同様、彼女は良心よりも利便を選んだのである。

恐れも言い訳をこしらえる大きな要因になる――周囲の反応への恐れ、変化への恐れ、それに何より、未知への恐れ。例えば女性の同僚がセクハラを受けている時、ある男性は彼女のために声を上げたら友人からどう見られるかを恐れ、この件は自分に関係ないとみずからに言い聞かせるかもしれない。同性愛者に偏見を抱く人は、結婚の平等が認められた暁の社会の変化を恐れるかもしれない。雑食者はなじみのない菜食を恐れるかもしれない（こうした形で人々の態度を単純化する気はないが、恐れが選択を左右しうる点は指摘しておきたい）。

これらの障壁を取り除けて思いやりを抱く第一歩は、自分のこしらえる言い訳を把握することである。防御、口実、正当化は、恐れや習慣が避けよと命じることをやらずにいるための方法にほかならない。私は卵や乳製品が好きだったので、菜食主義者（ベジタリアン）から脱搾取派（ビーガン）になるまでには年数がかかった。私は肉を食べないのだからもう何百という動物の命を救っているし、卵と乳製品までやめたらデザートをつくることもアイスクリームを食べることもできなくなってしまう、と自分に言い聞かせた。

次に、本当の自分を信じよう。読者がこの本を読んでくれたのは関心があったからで、それなら学習をして思いやりを広げる準備は整っている。自分の弱さと間違いに寛容でいよう。私は防御をゆるめて恐れをぬぐい、畜産利用される動物たちの保護園（サンクチュアリ）を訪れたことで、卵と乳製品を摂り続ける言い訳から抜け出せた。そう、私は現に保護園へ行くことを恐れていたわけで、それは採卵・酪農産業から救われた雌鶏や雌牛に会えば自分に変化が訪れるだろうけれども、まだ変化を受け入れる準備ができていなかったからである。むしろ私は、保護園の誰かが当時の私を認め、楽な範囲で生き、食べ続けてよいと言ってくれることを望んでいた。ところが、一〇年前にスペインのパンプローナでささやいたあの同じ声が、再び私の袖を引き、もっと高いところまで成長するよう、そっと私の背を押した。

第三に、自分の選択をうんと充実させる手立てを見つける。そうすれば、言い訳の払拭とともに訪れる恵みを堪能できるに違いない。私の場合、保護園を訪れた経験は言い訳をやめて脱搾取派に転じるきっかけにもなったが、そのおかげで卵なしの焼き菓子をつくる簡単さ、牛乳を使わないアイスクリームのおいしさを知ることもできた。脱搾取は私の知らなかった風味と調理体験をもたらし、私は感情・身体・精神のすべての面で、それまで以上に幸せになった。

最後に、辛抱強く自分を見守ろう。生活から言い訳を排するのは一朝一夕にできることではない。けれども消極的な正当化を積極的な自己刷新に変えれば、深い充足感を得られるはずである。脱搾取の根底にある倫理的な悲願――思いやり、正義、自由、非暴力、自己決定など――は、私たちを人助けに向かわせる価値観と何一つ変わらない。それを知れば知るほど、言い訳をぬぐい去るのは一層容易になるだろう。どんな段階にあっても、至らない自分に許しを与えよう。失敗したら、次はうまくできると思えばいい。

前に伸びる道

世界が悲惨な状況にあるという前提に異論がある人はそういないと思う。戦争やひどい貧困や大きな不正がなかった時代はないように思えるし、そういった荒廃は今や未曾有（みぞう）の深刻さに達しているともいえる。現に食用で殺される動物の数は天文学的で、奴隷の数も過去以上に多い。暴力は当然と化してしまった。

が、私たちは他者への扱いが私たちすべてに影響する、その繋がりを理解し始めた（原注13）――動物を傷つける者が人間をも傷つけること、性差別的な人物には人種差別の気質もみられること、象牙目的のアフリカ象殺しがテロリストの資金源となっていること、思いやりの欠如が健康をも害することを。自分に害とならない不正は得になる場合が多く、それは白人が有色人種に比べ優遇されている事実ほど一目瞭然とは限らない。私はあるビデオを思い出すが、そこでは教師が特権を説明するため、教室の前にゴミ箱を置き、生徒たちに座ったまま丸めた紙屑を投げ入れるよう指示を出す。最前列の生徒らは難なく紙屑をゴミ箱に入れるが、後方の生徒は中々入れることができず、不公平だと言い出す。「ゴミ箱に近ければ入る確率は上がります」と教師は言った。「これが特権の姿です」。現に前列の生徒らは後方の苦労に気づいていなかった――あるいはそれを気にしていなかった。(原注14) 特権を持つ者が持たない者に関して沈黙していれば、それは抑圧への共犯になる。肉食者が自分の消費する動物の死に関し共犯者でいるように。

苦しみ、差別、抑圧のない世界に生きることを望むなら、今すぐ文化的な変革を始めるのがよい。「残酷性ゼロ（CRUELTY FREE）」という言葉には、単に動物成分入りの商品を避ける以上の意味があることを認められるだろうか。消費者としての選択をさらに意識して、果物、野菜、豆類、穀類の播種(はしゅ)・栽培・収穫に携わる労働者たちや、パーム林となった土地に暮らす先住民の人々、カカオ生産の労働を強いられる子供たちにまで考えをおよぼすよう努められるだろうか。

動物搾取からの脱却は素晴らしい一歩だが、それは始まりに過ぎない。人種差別、性差別、同性愛差別、トランスジェンダー差別、障害者差別は――種差別と同様――社会規範を通して獲得される後天的な信念で、そうだとしたら社会はこのような負の思考回路を捨て去ることができる。最初の課題は、それがそもそも存在する事実を認めることである。残念なことに、人種差別はサイレント映画よろしく消え去ったと思っている人は多い。私たちが他者の迫害に用いる行動を素直に認めることがまずは欠かせない。認めることは修復を助け、私たちを変革の主体にする。

次世代の共同体を率い社会を動かす子供たちは、この変革で大きな役回りを演じる。そこで、かれらとともに社会の不正を論じ合おう。「チキンナゲット」がどうつくられるかを語るのと一緒で、子供たちには積極的に人種の話をし、性差別の見抜き方を教え、白人の特権について話し合う場を与えるのがよい。家と学校でかれらの寛容さと平等を育てることは、息の長い真の変革を確かなものとする上で、おそらく最も大切な過程に違いない。そして、男児は感情を見せない、攻撃性は強さの証、「本当の男」は肉を食べ、女だけを愛し、競争的であるべきだ、といった文化の押し付けである破壊的な固定観念を捨て去ろう。

　私の提案を革命的などと思わないでほしい（全体論的な思いやり観を促してきた人物は他にいくらでもいる）。これはむしろ進化論である。もしも人類が繁栄を望み、未来世代に正義と平和の遺産を継がせたいと願うなら、私たちの目前にある課題は、より良心的な種へと進化し、自分たちの恐れと習慣が人や他の動物や環境におよぼす影響をはっきり自覚することに相違ない。

　こう考えてもいいだろう。現代人の大半に共通する持続不可能で不健全な生活は、私たちをただ不快で悲惨な状況に陥れる。そろそろ違う方向をめざしてもよい頃ではないだろうか。私の提案は、栄える新しい世界を皆の手で築けるような、脱搾取の生態系を創造することである。純真無垢になっているのではない。自分のめざすものが到達不可能に思えることは分かっているし、この目標が実現される日はそう簡単には訪れない。しかし少なくとも、種や人種、肌の色、性や性的指向といった社会の構築物に囚われず、すべての者の生を考慮することは始められるのではないか。知るべきことを知った私たちは今や、自分だけでなく、自分とともにこの星に住まう者たちをも益する選択へと向かえる。

つまりはそれが、脱搾取の倫理を生きるということにほかならない。

【原注】

1 http://everydayutilitarian.com/essays/one-struggle-one-fight

2 http://mic.com/articles/127 821/the-surprising-way-these-activists-are-using-veganism-tofight-white-supremacy

3 Pattrice Jones, ***The Oxen at the Intersection: A Collision***, Lantern Books, 2014, page 154. ジョーンズによると、障害者の権利活動家メアリー・ファンタスケは種差別と障害者差別が同じものだとまで論じる。ファンタスケの講演は www.youtube.com/watch?v=6gGCZZ93xXk で視聴可。

4 Massimo Filippi, Gianna Riccitelli, Andrea Falini, Francesco Di Salle, Patrik Vuilleumier, Giancarlo Comi, Maria A. Rocca, "The Brain Functional Networks Associated to Human and Animal Suffering Differ among Omnivores, Vegetarians and Vegans," ***PLOS One***, May 26, 2010.

5 C. Daryl Cameron and B. Keith Payne, "Escaping affect: How motivated emotion regulation creates insensitivity to mass suffering," ***Journal of Personality and Social Psychology***, Volume 100, Number 1, January 2011.

6 Karina Schumann, Jamil Zaki, and Carol S. Dweck, "Addressing the empathy deficit: Beliefs about the malleability of empathy predict effortful responses when empathy is challenging," ***Journal of Personality and Social Psychology***, Volume 107, Number 3, September 2014, pages 475–93.

7 www.ncbi.nlm.nih. gov/pmc/articles/PMC3156028/

8 http://cercor.oxfordjournals.org/content/23/7/1552

9 T.W. Pace, L.T. Negi, D.D. Adame, et al., "Effect of compassion meditation on neuroendocrine, innate immune and behavioral responses to psychosocial stress," ***Psychoneuroendocrinology***, Volume 34, Number 1, 2009, pages 87–98.

10 www.apa.org/news/press/releases/2011/09/volunteering-health.aspx

11 www.pnas.org/content/110/33/13684.full

12 Jared Piazza, Matthew B. Ruby, Steve Loughnan, Mischel Luong, Juliana Kulik, Hanne M. Watkins, Mirra

Seigerman, "Rationalizing meat consumption: The 4Ns," *Appetite*, Volume 91, August 1, 2015.

13　Maite Garaigordobil y Jone Aliri, "Sexismo hostil y benevolente: relaciones con el autoconcepto, el racismo y la sensibilidad intercultural," *Revista de Psicodidáctica*, Volume 16, Number 2, 2011, pages 331–50.

14　www.youtube.com/watch?v=2K lmvmuxzYE

第六章　Q&A

Chapter 6

Q & A

脱搾取派（ビーガン）であったら誰でも脱搾取（ビーガニズム）や動物の権利思想について質問を受ける。それは純粋な興味による問いのこともあるが、相手の錯誤を証明してやろうと目論む反対者や、動物の嗜食・利用に伴う道徳的なジレンマを脱したい葛藤中の人物から投げかけられることもある。ここでは特に一般的な質問のうち、本書で触れなかった一二点を取り上げ、回答に使える情報を示したい。

1　菜食は世界の飢餓を解決できるのか。

脱搾取を支持する定番の議論ではこう語られる――世界の水、穀物、耕作可能地の大半は動物の飼育と屠殺のために用いられるのだから、これらの資源が植物のみで人類を養うことに向けられれば、地球上の誰もが飢餓に困らなくなるだろう。脱搾取派である私はこの説に味方したいものの、食料正義に携わる活動家の多くはおそらく、現実はもっと複雑だと言うに違いない。かれらは例えば、現在でもおよそ一二〇億の人口を養えるだけの食料は生産されているが、九億以上の人々は日々必要な栄養を摂取できていない、と指摘するだろう。

問題の一因は世界経済にある。今日貧困に陥って食料を買えない人々は、脱搾取の楽園にあってもなお食べものを買う力を持てそうにない。もう一つの問題は食料配分で、多くの人はただ単純に、必要なものを得られない状況にある。政府という要因が一つ、それに金欲と腐敗が、誰が何を得るかに影響する。さらに、食のシステムは利益を最大化する形にできていて、一握りの企業が食料供給の大部分を支配する。

とはいえ、私は脱搾取が地球にとって最善の道だと信じる。脱搾取の世界にも食の不平等は残るかもしれないが、菜食は動物食に比べ、はるかに効率的で、言うまでもなく思いやりがある。

2　皆が脱搾取派になったら畜産利用される動物たちはどうなるのか。

これも雑食者が脱搾取派を後ろめたい気分にさせ、肉食を正当化するために用いる質問である。考えてほしいが、食用で殺される動物の圧倒的大半は、工場式畜産場に暮らす人工の生きもので、飼い馴らされていない近縁種の動物たちとは身体的にごくわずかな共通点しか持たない。例えば自然界の七面鳥は空を飛び、伴侶とつがうことができるのに対し、畜産場の七面鳥は品種改変の結果、あまりに早く、あまりに体重を増すせいで、数カ月もしたらほとんど立てなくなる。

肉・乳・卵の需要がなくなれば、食用のために殖やされ育てられる牛、鶏、豚、その他の動物は間違いなく減るだろう。

が、そうした推移はゆっくり進む。脱搾取に移行する人が増えるにつれ、畜産業者は動物の人工授精を減らさざるをえなくなる。かつて工場式畜産や飼料栽培のために使っていた土地は自然に還り、そこでは再び野生動物が栄える。

人間が食用に繁殖した動物種の多くも、数はうんと減るにせよ、繁栄できると思われる。鶏、豚、七面鳥、羊、魚は、動物屠殺のない世界で自然の均衡に至るだろう。牛は別問題である。かれらの祖先はオーロックという野生牛で、アフリカ、アジア、ヨーロッパの一部に棲息していたが、一七世紀に人間の手で狩り尽くされた。現在の牛たちが自然界を生き抜くことも考えられるが、姿を消すことも考えられる。ただし目下、かれらはただ殺されるためだけに生きている。

自然がどこへ向かおうと、それはすべての者にとってより健全かつ平和な世界に違いない。

3「人道的食肉」という選択肢は魅力的なのではないか。

誰でも、他者の惨劇に自分が加担しているとは思いたくないので、肉食者が動物消費の習慣を維持するためにできるかぎり「親切」な方法を探したがるのは無理もない。動物アグリビジネスはこれを儲けに変えるべく、工場式畜産の食肉に代わる様々な「人道的」商品を生み、食料品店や外食店にその成果を並べる。

「放牧」「有機」「平飼い」「人道性認証」といったラベルは、動物たちが幸せな生活を送って野外にも出られ、「たった一日の悪い日」を迎えただけなんだろうという印象を消費者に与える。

が、肉・乳・卵にまつわる残忍性の多くは、動物たちの体内に組み込まれている。牧草地で飼われる鶏であっても、異常な急成長をするよう品種改変され、足の不自由や心臓麻痺をわずらう。有機酪農に利用される牛は大規模な畜産場の牛と同じく、泌乳量の最大化をめざして容赦なく操作されるせいで、乳房が感染症をきたすが、有機なので苦しみを和らげる抗生物質は与えられないこともある。さらにこの牛たちも、やはり妊娠を強いられ、子は生まれた時点で奪い去られる。

採卵業の鶏もそれよりマシとはいえない。例えば「平飼い」卵を産む鶏たちは普通、何千羽単位で不衛生な巨大鶏舎に押し込まれ、日光にも新鮮な空気にも触れられない。そして平飼いであろうと放牧であろうと、雄ひよこは役立たずとみなされるので、毎年何百万羽もの赤子がミンチにされるなどの仕方でゴミのように廃棄される。

どう育てられるにせよ、食用にされるほぼすべての動物は混み合うトラックで移送され、工場式畜産場の出荷先と全く同じ屠殺場に行き着いたあげく、逆さに吊られ、のどを切られる――それも完全に意識を保ち、逃げようともがきながらのことも珍しくない。この動物たちはみな生きたがっているのであって、その殺しに人道的な要素など何一つない。

4　多くの先住民、例えばイヌイットやチベット人は、タンパク質摂取のために動物を頼りとする。脱搾取派はこの点で問題を抱えないのか。

生存が懸かった動物食を問題にする脱搾取派はほとんどいない。イヌイットは地球の最果てに住み、かれらが自給のために行なう狩猟や漁撈は明らかに娯楽を目的とはしない。同じことはチベット人にも言えて、その生活地域の寒冷な高原では食べられるものがほとんど育たない。例外はヤクがおいしそうに食べるいくらかの草と低木である。そこでチベット人はヤクを食べる。

すべての文化が脱搾取に移れたら理想的だが、当面は厳しい環境で懸命に生きる小さな共同体の人々を責めるよりも、動物を食べることに関し何の正当性も持たない九九・九パーセントの人々を啓蒙する方がよいと考える。

5　菜食は動物食より金がかかるのではないか。

この点は脱搾取派のあいだでも意見が割れる。野菜、果物、穀類、豆類、ナッツ類からなる食事は、理論的には肉・乳・卵製品を食べるよりも安く済むはずだが、実際には脱搾取派の中でも自然食材（ホールフーズ）だけを食べる人は少ない。私たちの舌は動物食に慣れているので、脱搾取派は肉料理の歯ざわりや風味を再現したいわゆる「肉もどき」――植物性素材のバーガー、「鳥」ささみ、ベーコン、リブなど――を食べることが多い。これらは元の動物性食品よりもだいぶ高い（動物性食品は政府から支給される補助金のおかげで価格を下げられる）。

農産物は高いが、雑食者も果物や野菜は食べるので、これを菜食と雑食の値段比較に用いるべきではない。

しかしよく見落とされる大きな点は、ビーガン食品が地域によっては手に入らない問題である。低所得層の居住区には大抵、安い動物性食品を揃える種々のファストフード店やスーパーが並ぶ一方、果物や野菜を買える店が見当たらない。そうした地域の住民は一人親であったり、食べていくために複数の仕事を掛け持ちしていたりする。しかも移動には公共交通機関の使用を余儀なくされることもある。かれらが菜食をしようと思えば、別の町までバスで出かけて新鮮な農産物その他の植物性食品を買ってくるしかない。こうしたことはすべて大きな出費となって食費に上乗せされる。バスによっては車内に持ち込める袋の数に制限があり、これも苦労の種になる（脱搾取は誰でも簡単にできると言う人がいたら、以上のことを思い出してほしい）。

まとめると、未加工の食物のみをどっさり買うなら、肉・乳・卵製品を買うより安くて済むはずだが、できるとしても現にそうする脱搾取派はほとんどいない。ただそれとともに、菜食は医療費も抑えられることを忘れてはいけない！

6　植物は痛みを感じないのか。

これは雑食者が好んで口にする「あんたは俺より偉くない」式の議論である。この思考は少なくとも一九七三年から存在したもので、この年に出版されたニューエイジ風のベストセラー『植物の神秘生活』は、果物、野菜、花々、樹木が情感ある生きものだと主張した。

進化の観点からみると、植物が痛みを感じないと信じる根拠は有力で、なんとなれば植物は危害から逃れる能力を持たないからである。近年の研究では植物がおのれの葉を食べる虫の音に反応することが示されたが(原注1)、これは植物が痛みを経験する証拠としてはあまりに弱い。ほとんどの生物学者が認めるように、植物が痛みを感じるには感覚器官と神経系を具えなくてはならない。

これは何も、植物が素晴らしい生命であることを否定しているわけではない。植物は環境に適応し、その場を動かずに栄養を得るための驚くべき能力を具えている。が、痛みの存在を示すものは何もない。それに対し動物たちは明らかに痛みを感じる。

植物が痛みを感じるという理由で肉食を正当化したがる者がいたら、作物の七割は畜産利用されるる最善の方法だと答えるのがよい。

動物の飼料になるのだから、(原注2)本当に植物を気づかうのなら、動物を食べないのが植物の安全を保証する最善の方法だと答えるのがよい。

7　肉のために育てられる動物は、捕食動物から守られ医療を受けられるのだから、恩恵に浴しているのではないか。

まず、畜産利用される動物は守られていない。どころか、かれらは世界一恐ろしい捕食動物、人間の餌食となる。乳液や卵を目当てに搾取される牛や鶏でさえ、搾取の果てに「廃用」となったら結局は殺される。「医療」を受けられるというが、アグリビジネスは動物を商品とみる。医療処置はすべて、殺す時まで動物を健康体に保っておく目的しか持たない。農家が大量の抗生物質を動物に与えるのは、成長を促すためと、監禁施設で一般的な不衛生環境の中、病気が広がるのを防ぐためである。すべては利益目的からすることであって、思いやりに発することではない。

8　なぜ動物虐待を拒む人と拒まない人がいるのか。

人間による様々な動物搾取をみてくると、何が起きているのかと問いたくなる。なぜ社会はこんなにも動物利用に漬かっているのか。動物解放の支持者はそう問うて、その虐待を拒もうと心に決める。けれどもかれらはほんの少数派にすぎない。残りの人々はどうなのか。

私が特に惹かれる理論は、ローリー・マリノ博士とマイケル・マウンテンが唱えるものだった。マリノは生物心理学者で人外権プロジェクト〔第一章参照〕の科学ディレクターを務め、マウンテンは活動家でベストフレンズ動物協会の創設者に名を連ねる。かれらの仮説は実のところきわめて素朴である――人間は死を恐れる。その恐怖に動かされる私たちは、自分たちを他の動物と質的に異なるもののように考え、動物を資源、つまり自分たちとは別の劣った存在として扱うことで、その違いを形に表わす。

この発想は様々な研究者や著述家の議論をもとにしているが、中でも社会人類学者アーネスト・ベッカーの影響が大きい。ベッカーを通して知られた恐怖管理理論（ＴＭＴ）によれば、人間行動の多くは私たちが抱く死への不安に根差す。人間は不安に対処しようと、宗教をつくり文化にすがって生の意味を見出す。

しかし私たちはこの実存的恐怖を動物にも向けるとマリノ＝マウンテンはいう。他の動物も死に瀕すれば恐怖を覚えるが、人間にとっては死への恐れが生涯にわたる強迫観念となる。人は遠い未来に訪れる死のことを思い、それが慢性的な不安を生む。動物の死を目にする者は、死の概念におびえるあまり、自分たちは動物ではないと思い込み、人間は（他の）動物よりも優れている、動物は人間のために存在するとみずからに言い聞かせる――これは少なくとも古代ギリシャにまでさかのぼれる考え方である。私たちは、人間には魂があり、動物にはないと納得するが、この思考は後者にとって悲惨な結果をもたらし、食料資源、実験材料、娯楽の道具としての動物利用は正当化されることとなった。それは自然界と人間の動物本性を支配下に置く企てである。私たちが一部の動物をひいきにする

のは、かれらを人間の「内集団」(訳注①)に属する者、家族の一員とみるからである。(訳注②)

9　植物を食べるなら脱搾取派は蜜蜂を搾取するのではないか。

食用作物の大半は虫、鳥、哺乳類の授粉に頼る。蜂蜜生産者は蜜蜂の授粉のおかげで副産物の蜂蜜が得られると消費者に信じ込ませたがるが、蜜蜂は丸花蜂(まるはなばち)、熊蜂(くまばち)、砂漠花蜂(さばくはなばち)(訳注③)のような野生種の多くほど授粉に長けていない。しかし野生種は大量の蜂蜜をつくらないので、その採蜜は割に合わない。そこで農家は工場式飼育される蜜蜂を授粉に使い続け、一大ビジネスの養蜂産業を支えるが、脱搾取派のほとんどはそうした養蜂産業をよしとしない。結局これは脱搾取派にとってどうしようもない問題である。すべての動物搾取を生活から排することはほぼ不可能というしかない。

10　有害生物についてはどう考えるか。有機農場でもテントウ虫を持ち込んで、作物を食べる虫を殺すなどする。それに白蟻、ごきぶり、ねずみは病気を運び、家を住めなくする。殺してよい動物、いけない動物を分ける議論は脱搾取の論理に反するのではないか。

脱搾取の論理は、可能なかぎり何者にも害を与えないことを命じるが、それは「有害生物」に対しても同じである。テントウ虫が他の虫を食べるのは本来の習性でもあり、農薬を使うよりははるかに良いのだから問題とは思わない。他方、人や伴侶動物の福祉ないし安全に対し虫が脅威となる場面はあり、そうなると私たちは蚤や白蟻といった小さな生きものを殺す必要に迫られるかもしれない。これは不本意にも脱搾取派が妥協を強いられる状況の一つといえる。

ただしそう結論する前に私たちは、虫や動物が忍び入るのを防ぐ措置として、台所を綺麗に保ち、窓の手前には蟻の嫌うペパーミントオイルをまくなどの策を講じるべきだろう。ごきぶりはローリエの匂いを嫌う（乾した葉でも新鮮な葉でもよい）。ねずみを入れないよう、壁とふすまの穴は塞ごう。蜂の多い地域では蜂の巣ダミーを吊るすのがよい（ネットで検索のこと）[訳注④]。こうした虫はなわばりを持つので、先客がいると思えばそこには巣をつくらない。伴侶動物の蚤・ダニ対策は定期的に行なおう。家に入る虫や動物については、殺さず外へ逃がせる罠がある。ネットを探せば沢山の助言が見つかるだろう。

11　動物を食べるのは個人の選択ではないか。

動物を食べるのは個人の選択だ、という言い分はよく使われるが、そこには犠牲者がいないという

訳注１　共通の利害関係を持つ排他的な小集団の仲間。

訳注２　マリノとマウンテンの説は Lori Marino & Michael Mountain, "Denial of Death and the Relationship between Humans and Other Animals," ***Anthrozoös***, Vol. 28, Issue1 (2015), 5-21 を参照。

訳注３　土中に巣をつくるアメリカ西部地方の固有種。

訳注４　「蜂の巣ダミー」や「ダミーの巣」を検索してもよいが、日本語サイトの情報は少ない。「fake wasp nest」で検索すると色々なダミーの画像が見られる。基本は紙や布でつくったぼんぼりである。

前提がある。しかし「個人の選択」は決定を下す者だけに関わるのに対し、動物を食べる選択は意思決定者をはるかに超える範囲まで影響をおよぼす。発言権のない動物たちを左右するのに加え、大規模な環境破壊に加担することにもなる。

この言い訳は暗に、肉食者を放っておいてくれと脱搾取派に頼んでいる。実際、肉食者はこう付け加えることもある。「あなたの食の選択は尊重するから、私のそれも尊重してほしい」。が、他者を害する選択を尊重する義理はない。

大半の人は、自分が何を食べるかは個人の問題だと考えるが、他者を食べる行為は明らかに個人の領域を超える。読みたい本を選ぶのは個人の選択である。しかし動物を消費して畜産業を応援する決定はあらゆる者に影響する。好きなものは何でも食べるという「権利」は、他者の生命が問題になったら留保される。

12　作物の収穫は屠殺以上に動物を殺すのではないか。

これもまた、肉食者が自身の罪悪感を和らげつつ、菜食をする脱搾取派に罪悪感を抱かせるための議論となる。残念なことに、工業化した作物収穫の過程では現にいくらかの動物が殺される。しかしどれだけ殺されるかは分かっていない。二〇〇三年にオレゴン州立大学の動物科学者スティーブン・デイビス教授は、農地のねずみの数に関する先行研究を調べ、収穫前に一ヘクタール当たり二五匹いたねずみが、収穫後には五匹に減ったことを突き止めた。このデータをもとに、デイビスは毎年の収穫で殺されるねずみの数を、一ヘクタール当たり一〇匹と見積もった。この計算の問題は、ねずみが本当に収穫用の機械に殺されたのか、それともただ裸となった農地を脱し、より良い隠れ場所のある近くの森などに逃げただけなのかが分からないところにある。

　毎年、世界では人間の消費用におよそ七〇〇億もの陸生動物が殺され(原注3)、屠殺場は動物殺しの場所として筆頭に位置する――もっとも第一章で論じたように、商業漁業は年間三兆もの魚介類を殺すが。「植物は痛みを感じる」の議論でも触れたように、世界の作物の大半は人間でなく畜産利用される動物の食物となるのだから、農地の動物が死ぬのを本当に気にするのなら、やはり脱搾取派になるのがよい。

【原注】

1　Michael Pollan, "The Intelligent Plant," *The New Yorker*, December 23, 2013.
2　www.worldwatch.org/node/549
3　www.ciwf.org.uk/me dia/3640540/ciwf_strategic_plan_20132017.pdf

補遺

補遺A　動物を助ける10の方法

1　脱搾取派（ビーガン）になる（補遺Bを参照）。
2　保健所から動物を引き取る。ペットショップから購入してはいけない。
3　化粧品、日用品は動物実験を経ていないものを使う。
4　地方紙の編集者に向け、話題の動物問題を論じた手紙を投書する。
5　Eメール末尾の署名欄に、好みの菜食レシピか動物の権利問題の動画が見られるウェブサイトのリンクを貼る。印象に残る引用文を添えるのもよい。
6　学生食堂や好きな外食店に菜食メニューを加えてほしいと頼んでみる。
7　地元の動物シェルターや保護園（サンクチュアリ）に連絡を取り、ボランティアを申し出る。
8　留守電の応答メッセージを動物擁護のメッセージに変える。
9　贈り物を別の方面に振り向ける。自分の誕生日にはプレゼントに代えて、動物活動に励む地元のシェルターや他の非営利団体へ寄付をしてほしいと友人や家族に頼んでみる。
10　本書を他の人にも読んでもらう。

補遺B　脱搾取の実践を助ける10の方法

1　一歩ずつ進む。すぐ脱搾取派になるのが難しいと感じるようなら、小さな積み重ねで少しずつ脱搾取の倫理を取り入れ、時間をかけながら食卓の動物性食品を植物性のものに置き換える。例えば一週目は牛乳をアーモンドミルクに換える。次の週は肉を菜食バーガーなどに換えるか、あるいはただ野菜と果物の量を増やす。すぐに食卓から動物性食品はなくなるだろう。そうなったら衣類棚のレザーとウールを別のものに換え、……という具合に続く。

2　完成ではなく進歩を目標にする。

3　一度の食事で摂る果物と野菜の量を増やす。健康になるだけでなく充実感を得られるはずである。

4　幅広いレシピの載った菜食料理本を手に入れ、定番のほかお気に入りの料理を最低三、四品は覚える。

5　菜食料理に挑戦する際は時間に余裕を設ける。最初は調理に少し手間取るかもしれないので。

6　菜食対応の料理や具材が豊富なアジア市場を回る買い物の醍醐味を知る。

7　休日の夕食会など、非ビーガンの集まりに参加する際は菜食弁当を持参する。そうすれば最低一人前の食事にはありつけるのに加え、他の参加者にそれを分けて菜食料理のおいしさを印象づけることができる。

8 地元のビーガン・グループに加わり、同じ考えの人に会ってレシピを教え合い、支えがあることを実感する。

9 料理をする気分でない時に食事ができるよう、菜食者に配慮する外食店を地元で二、三軒見つけておく。行きつけの外食店にどのような菜食対応の料理があるか分からない時は店員に尋ねる。思いのほか菜食対応にできる非菜食料理が多くて驚くに違いない。

10 食料貯蔵庫と冷蔵庫に必需品の具材を常備する――豆類（乾物か缶詰）、穀類（米、小麦粉、キヌア）、パスタ、ナッツ、豆腐、新鮮な農産物、栄養酵母、調理油、野菜だし、豆乳かナッツミルク、アガベシロップ、卵もどき、調味料など。こうした必需品が揃っていれば様々な料理がつくれる。

補遺C　周りの人を脱搾取派にする10の方法

1　畜産利用されていた動物たちの保護園に連れて行く。
2　食事会その他のビーガン関連イベントに案内する。
3　一緒に『ブラックフィッシュ』『カウスピラシー』『アースリングス』『フード・インク』『機械の中の霊たち（Ghosts in Our Machine）』『共に生きよう（Live and Let Live）』などの映画を観て、内容を議論する。
4　お気に入りの菜食料理本をプレゼントして一品をつくってみるよう促す。
5　おいしい手づくりの菜食料理をふるまう。
6　説教を控える。厚かましい人間は誰も好まないので、代わりに例を出して導く。苦労を語るのではなく脱搾取に伴う恩恵をよく訴える。
7　菜食料理や動物の権利を扱ったお気に入りの書籍を地元の図書館に寄付する。
8　自分の誕生日には家族や友人に脱搾取派になってもらう。クリスマスプレゼントに代えてそうしてもらうのもよい。
9　行きつけの菜食料理店で昼食か夕食をごちそうする。

10　一緒に食料品の買い出しに行って、目新しい果物や野菜を食べてみるよう勧め、動物実験を経ていない食品や日用品の多さを教えてあげる。

脱搾取を促す他の案については拙著『根を断ち切る──動物活動の実践に向けて（Striking at the Roots: A Practical Guide to Animal Activism）』を参照のこと。

補遺D　人を助ける10の方法

1　性差別、人種差別、同性愛差別、いじめ、その他の差別を許さない。一緒にいる人が同性愛への中傷や人種差別的なジョークを口にしたら、ちゃんと声を上げて自分がどう感じるかを知らせる。

2　良心ある収監者、例えば社会正義や動物活動のために逮捕された人物に手紙を送る。詳しくは www.freedom-now.org/a-guide-to-writing-prisoners-of-conscience や www.directaction.info/prisoners.htm を参照。もちろん、罪状に関係なくどんな収監者も手紙を歓迎する。

3　奴隷制のような最悪の児童労働を経たチョコレートを買わない（www.foodispower.org/chocolate-list を参照）。

4　できるかぎり有機の食材を買う。農薬を浴びていない有機農産物を選べばわずかながら農場労働者のためになる。

5　他文化、他人種、女性、「異質」とみられるすべての者、そして自分自身の尊重を子に教える。

6　自分たちは人種差別のない世界に暮らしているという幻想を捨て去る。私たちが認めたがらずとも、人種差別はいたるところに存在する。白人警官が黒人の老若男女を殺すのは人種差別に関係ないと考えたり、自分を「色盲」と称したりする白人は何ら過去の償いに貢献していない（目の障害を指す場面以外で「色盲」という語を用いるのは障害者差別的でもある）。

7　養子縁組を検討する。

8　献体の手続きをする。これは人の助けになるだけでなく、医学研究で使われる動物の代わりにもなる。

9　贈り物を別の方面に振り向ける。自分の誕生日にはプレゼントに代えて、人のために活動する非営利団体に寄付をしてほしいと友人や家族に頼む。

10　地元のフードバンク(訳注①)にビーガン食品を寄付する（www.foodispower.org/donating-food-takes-thought を参照）。

訳注1　市場で売れない食品を寄付の形で受け取り、生活困窮者に届ける活動組織。

補遺E　有名無名の12の言葉

脱搾取と動物の権利の運動では、傑出した作家、活動家、その他の著名人が残した多数の言葉が知られている。実際にその人物が発した言葉もあれば、そうでないものもある（例えば第一六代アメリカ大統領エイブラハム・リンカーンが残したとされる「私は人間の権利とともに動物の権利も支持する。それが全人類の則るべき道である」という言葉は偽作として完全に否定された）。以下には一二の言葉とその出所、ならびにそれを残した人物の簡単な解説を掲載する。これを挙げるのはよく知られた言葉だからではなく（むしろ多くはあまり知られていない）、その内容が本書の主題と重なるからである。

ついに憐れなワットは伏せる姿を突き止められた
狩人どもは犬を連れてやってきた
見るやワットは立ち上がり、一目散に逃げだした
牙むく犬を何とか撒こうと
けれども犬の嗅覚は天性の鋭さ
鼻を頼りにどこまでも追ってきた

――マーガレット・キャベンディッシュ（一六二三～七三）

上流階級の人気娯楽であった狩猟に反対の声を上げた貴族の一人、ニューカッスル・アポン・タイン公爵夫人のマーガレット・キャベンディッシュは、詩人・劇作家・科学者・哲学者、そして――人間の自然支配に対する考え方の点で――エコフェミニストの元祖ともいえる人物だった。右の引用は一六五三年の詩作品「兎狩り」からの抜粋で、流血スポーツに向けるキャベンディッシュの嫌悪が表われている。ここではワットという名の野兎が犬たちに追われ、ついには殺される様子が描かれる。当時は動物福祉が取るに足らない課題とみられていたにもかかわらず、キャベンディッシュは動物がただ利用すべきモノとしてのみ存在するという常識を批判し続けた。さらに彼女はフランスの科学者ルネ・デカルトと、動物は何も感じない機械だというその思想に直接異議を唱えた。動物の権利をいち早く唱えたマーガレット・キャベンディッシュは真の先駆者だった。

俺は人と同じものを食べない。腹を満たすために子羊や人の子を殺しはしない。どんぐりとベリーがあれば充分な食物になる。

――メアリー・ウルストンクラフト・シェリー（一七九七～一八五一）

イギリスの小説家・随筆家・編集者・短編作家・紀行文学者だったメアリー・シェリーが菜食だった証拠はないが、彼女は史上最も記憶に残る不朽の菜食主義者を文学に残した――一八一八年のゴシック小説『フランケンシュタイン』に現われる人型の怪物がそれで、右の言葉は彼が発する。小説では、ビクター・フランケンシュタイン博士が墓場や解剖室や屠殺場から身体片をかき集め、人と人外の混ざった怪物をつくる。フランケンシュタイン博士は科学の名のもとに生きた動物を拷問する肉食の悪党として描かれる一方、怪物は初め優しい性格を具え、フランケンシュタイン博士に伴侶の創作を頼みつつ、平和な菜食楽園の構想を打ち明ける（詳しい分析はキャロル・A・アダムズの『肉食という性の政治学』を参照）。

野菜の食卓と静かな安らぎ。動物の食品と悪い夢。あなたの体を果樹園から摘み、殺戮の場から盗み来ることのないように。肉の食卓がなければ血を流す戦も起こりえない。

——ルイーザ・メイ・オルコット（一八三二〜八八）

自伝的小説『若草物語』その他、多数の作品で知られるルイーザ・メイ・オルコットは、幼少期の大部分をマサチューセッツ州コンコードで過ごし、ヘンリー・デビッド・ソローやラルフ・ワルド・エマソン、マーガレット・フラーなどの自由思想家と知り合った。父エイモス・ブロンソン・オルコットのような徹底した菜食主義者ではなかったものの、ルイーザは作中で菜食主義の象徴を用い、女性の権利と非暴力を訴えた。彼女は作家であると同時に社会改革の擁護者、奴隷制廃止論者でもあり（その家は地下鉄道の停車場だった）[訳注①]、南北戦争時には看護師も務めた。右の引用は一九一四年刊行の『若草物語——オルコット家書簡集』より（「殺戮の場」〔shambles〕は屠殺場や肉市場を指す古語）。

劣位の動物たちが一定の権利を持つこと、それが人の生命権、自由権、幸福追求権と同じく不可侵のものであることは、いまや万人の同意を得ているに等しい。
——キャロライン・アール・ホワイト（一八三三〜一九一六）

フィラデルフィアの卓越した奴隷制廃止論者、婦人参政論者の家庭に生まれたキャロライン・アール・ホワイトはペンシルベニア州の三大動物団体を立ち上げ、アメリカ人道協会の創設者にも加わった。一八六六年にはアメリカ動物虐待防止協会のフィラデルフィア支部をつくるが、当時の女性差別的な政策が原因で役職に就けず、三年後には「女性たちのペンシルベニア動物虐待防止協会」（ＷＰＳＰＣＡ）を組織した。同団体は全国で初となる動物シェルターを開設し（それ以前であれば家を失った動物は殺されていた）、今日も「女性たちの人道協会」の名で活動を続けている。一八八三年にホワイトはアメリカ動物実験反対協会（ＡＡＶＳ）を立ち上げ、一八九三年のシカゴ万博では研究目的のペット窃盗を告発すべく数百万枚のビラを配布したが、これは動物活動のビラ配りとしては先駆的な例となる。右の引用は一八九三年のＷＰＳＰＣＡ委員会報告からのもので、「劣位の動物たち」という語を用いているものの、これは時代の産物であって、彼女は能力に関係なく生きものへの思いやりを示していたという点を顧みる必要がある。

私は二五年間、共喰いをしていた。その後は菜食主義者でやってきた。

――ジョージ・バーナード・ショー（一八五六～一九五〇）

アイルランドの劇作家・随筆家・ジャーナリストだったジョージ・バーナード・ショーは、何よりも著作物で名を残すが（一九二五年にはノーベル文学賞を受賞している）、流血スポーツや動物実験など、種々の動物虐待に反対した人物でもある。さらに、人は生きるために肉を食べる必要があると考えられていた時代に彼は菜食主義者だった。現に同時代人らは、ショーが生きていられるのはこっそりレバーを食べているからだとささやいた。菜食を考え直すよう医師に言われた後、ショーは『ロンドン・デイリー・クロニクル』紙に次の文章を書き送った。「私の葬儀は遺言書の指示にしたがい、霊柩車は出さず、牛、羊、豚、家禽の群れ、および小さな水槽に泳ぐ魚たちが、おのおの白のスカーフをまとい、仲間の生きものらを食べる代わりに力尽きた男の名誉をたたえる形式とされたし」。引用した一言は雑誌『遠慮ない友（The Candid Friend）』一九〇一年五月号初出。

　血塗られた前掛け姿の屠殺人は流血と惨殺をそそのかす。当然だろう。幼い子牛の喉切りから兄弟姉妹の喉切りまではほんの一歩にすぎない。私たち自身が殺された動物らの墓場として生きるかぎり、どうしたら地上に理想が訪れうるというのか。

訳注1　「地下鉄道」はアメリカ南部の黒人奴隷を北部やカナダへ亡命させる任に当たった奴隷制廃止論者らのネットワーク。亡命中の黒人らを匿う地域ごとの隠れ家を「停車場」と称した。

――イサドラ・ダンカン（一八七七～一九二七）

今日、モダン・ダンスの創始者と称えられるイサドラ・ダンカンは、サンフランシスコに生まれてヨーロッパに移り住み、バレーにみられる厳格なテクニックよりも自由で自然な動きを重んじるダンス・スタイルを確立した。彼女はその演技とともに、慣習にしたがわない生き方でも名を馳せ、自身が両性愛者であることを世に明かし、二人の非嫡出子を育て、複数のダンス教室を開いた。徹底した菜食主義者ではなかった（その食生活は倫理よりも経済状況によるものだったと考えられる）が、ダンカンは「教室の子供たちがみんな菜食主義者で、野菜と果物を食べながら強く美しく育った」ことを誇りにした。一九二七年の自伝『私の人生』には自身の菜食主義を語った箇所があり、右の引用はそこからの抜粋による。

生体実験には反対しません、実験者が自分の体でそれをするのなら。

――リジー・リデイ・エフ・ヘイグビー（一八七八～一九六三）

スウェーデン生まれのエミリー・オーガスタ・ルイーズ・「リジー」・リデイ・エフ・ヘイグビー（Lizzy Lind-Af-Hageby）は卓越したフェミニスト・平和活動家・動物の権利擁護者で、イングランドを代表する生体実験批判者の一人になった。一九〇二年、彼女ともう一人のスウェーデン人活動家レイサ・カトリーヌ・シャータウはロンドン女性医学校に入学し、反生体実験の教育を積んだ。翌年、二人は『科学の屠場――二人の生理学部生の日記より』を刊行し、自身らの目にした動物虐待の記録を公にした。そこにはユニバーシティ・カレッジ・ロンドンの研究者らが一八七六年動物虐待防止法に反し、麻酔を施さずに小さなテリアを何度も実験にかけたというような非人道的扱いの事例も収録された。読者らの怒りはブラウンドッグ事件と称される政治論争へと発展した。あまり知られていない右の引用は一九〇九年二月三日の『ニューヨーク・タイムズ』紙編集者に宛てた手紙の一節。

やっとお前たちを穏やかな心で見つめられるようになった。もう私はお前たちを食べたりはしない。

――フランツ・カフカ（一八八三〜一九二四）

現在のチェコ共和国首都に当たるプラハに生まれたドイツ語の小説・短編作家フランツ・カフカは、好んで動物視点から物語をつむいだ。最も有名な作品、一九一二年の短編『変身』は、目が覚めると巨大な虫になっていた主人公を描く。その他、『新しい弁護士』『シナゴーグの獣』『ある犬の研究』などの作品では、動物が主人公となり、さらには語り手にもなる。友人マックス・ブロートによれば、カフカは菜食主義者になって間もなくの頃、ベルリンの水族館を訪れ、水槽の魚を見つめながら右の言葉を口にしたという。一九三七年にブロートが出版した『伝記フランツ・カフカ』からの抜粋。

私たちがみずからの思いやりを生き永らえさせ、生ある者の苦しみを減らす食に励み、気候変動への加担をやめ、この貴重な星を癒し守らんことを。

――ティク・ナット・ハン（一九二六〜）


敬虔な脱搾取派の禅僧ティク・ナット・ハンは食と思いやりの繋がりを多くの著作や講演で力強く語ってきたので、その一つを選び出すのは難しいが、二〇一四年の著書『いかに食べるか』の瞑想で語られる右の言葉は、脱搾取の倫理に生きることの本質を美しく言い表わしていると思う。彼は一九六六年に母国ベトナムを去り、故郷の戦争を終わらせる願いを胸に平和使節団となって、マーティン・ルーサー・キング・Jrやローマ教皇パウロ六世らに会った。ナット・ハンは勝利ではなく平和と和解を望んだため、戦後の統治を思い描くベトナム共産党と時の南ベトナム政府はともに彼の帰国を禁じた。亡命生活を余儀なくされたナット・ハンは主にフランスで暮らし、脱搾取の僧院、すもも村を築く。彼は社会変革のために平和的手段を講じる実践者らの運動、社会参画仏教の創始者とも目される。二〇〇五年には三カ月の巡回講演のため一時帰国を認められた。


すべての生命へ向かうやさしさと思いやりは、文明化した社会のあかしです。それに対し、人間と動物へ向けられる非道は一文化や一社会の専売特許ではありません。

人種差別、経済的剝奪、闘犬、闘鶏、闘牛、ロデオは同じ素地から生じます――すなわち暴力です。

すべての命に対し非暴力的となった時、初めて私たちはみずからも健やかに暮らすすべを得るでしょう。

――セザール・チャベス（一九二七～九三）

アリゾナ州のメキシコ系アメリカ人の家庭に生まれたセザール・チャベスは農場労働者・労働組合指導者・公民権活動家だった。一九六二年にはドロレス・ウエルタとともに統一農場労働者連合を設立し、同組織は後に全米農場労働者連合（ＵＦＷ）となる。労働者の権利を訴えるチャベスの非暴力活動は、一連の不買運動、行進、ハンガーストライキにおよび、前例のない農場労働者の保護を実現した。さらに彼は脱搾取派でもあり、種差別と他の抑圧を関連付けて捉えた。「セザールは長年のあいだに多くの人々を菜食主義者に変え、それを心から誇りに思っていました」とＵＦＷ代表アルトゥーロ・ロドリゲスは一九九六年に語った。「その誇りは大変なものだったので、私は時々、彼にとっては人々を菜食主義へ向かわせたことが、組合主義へ向かわせたことに劣らぬ喜びだったのではないかと思うほどです」。引用はチャベスが動物団体アクション・フォー・アニマルズに書き送った一九九〇年一二月二六日の書簡より。

「感情的になってはいけない」と口にする者は必ず何か残忍な企てを目論んでいるとみて間違いない。もし「現実的にならなくてはいけない」という言葉が続くなら、かれらはそれを金に変えようと企んでいる。

――ブリジッド・ブローフィ（一九二九～九五）

ブリジッド・ブローフィはイギリスの小説家・社会批評家で、女性の権利や動物の権利をはじめ、多数の訴えを擁護する運動家でもあった。最初の長編『ハッケンフェラーの猿』(一九五三)は、ある科学者が職を失う覚悟で、軍事開発のために帰還なしのロケットに乗せられる猿を救う物語である。一九六五年一〇月、ロンドンの『サンデー・タイムズ』紙に彼女の画期的エッセイ「動物の権利」が載り、一部の研究者はこの年を現代動物の権利運動の元年とみるに至った。ブローフィは全米動物実験反対協会の副理事も務めた。引用はジョン・ワイン・タイソンの編纂になる一九八五年のアンソロジー『空疎な生涯——工場式畜産反対宣言』より。

資本主義、性差別、同性愛差別、トランスジェンダー差別、私たちの暮らす環境、私たちの消費する食べものに向き合わずして、人種差別に大きな勝利を収めることはできません。私たちはこれらすべての繋がりに気づかなければならないのです。

——アンジェラ・デイビス(一九四四〜)

アラバマ州で生まれたアンジェラ・デイビスは作家・教育者・フェミニスト・脱搾取派・公民権活動家・運動指揮者で、黒人解放組織の学生非暴力調整委員会およびブラックパンサー党のメンバーとして一九六〇〜七〇年代に頭角を現わした。殺人罪に問われた黒人収監者三名のために運動を組織した結果、デイビスは共謀罪・誘拐罪・第一級殺人罪に問われて収監されるが、釈放を求める世界規模の運動が起き、最終的に無罪となる。収監者の権利に向ける関心から、デイビスは監獄産業複合体の解体をめざす全国組織、批判的抵抗団を結成する。右の引用は彼女を称えるべく二〇一五年二月二三日にサウスカロライナ大学で開かれたイベント「アンジェラ・デイビス——革命の生涯」での講演より。

キャス・サンスティン+マーサ・C・ヌスバウム編／安部圭介ほか監訳『動物の権利』尚学社、2013年
動物の権利論の比較的新しい議論を収録したアンソロジー。リチャード・A・ポズナーとピーター・シンガーの論争が読みどころ。訳語にやや難あり。

コーラ・ダイアモンドほか／中川雄一訳『〈動物のいのち〉と哲学』春秋社、2010年
現代哲学の気鋭らが動物倫理を探究する論考集。伝統的な動物の権利論と異なるアプローチを知るのに有益だが、やや難解。

スー・ドナルドソン+ウィル・キムリッカ／青木人志、成廣孝監訳『人と動物の政治共同体――「動物の権利」の政治理論』尚学社、2016年
政治学の立場から動物の権利論の発展を目指した著作。議論が粗削りである感は否めないが、動物の権利論を環境倫理に接続する試みとして興味深い。

ジョン・ソレンソン／井上太一訳『捏造されるエコテロリスト』緑風出版、2017年
動物や環境の保護活動を妨げる弾圧の動きを分析した著作。社会正義の活動に従事する人々にとって無関心ではいられない問題。

テッド・ジェノウェイズ／井上太一訳『屠殺――監禁畜舎・食肉処理場・食の安全』緑風出版、2016年
食肉産業の舞台裏を描いたルポルタージュ。屠殺場労働者の逆境やアメリカ農業の歴史を学ぶ上での必読書。

マイケル・A・スラッシャー／井上太一訳『動物実験の闇――その裏側で起こっている不都合な真実』合同出版、2017年
動物実験に携わった著者が自身の半生を振り返る自伝的著作。動物実験の実情を内部告発した貴重な記録。

普及に努める最大手の動物団体。ビーガン情報サイト「hachidory」(http://www.hachidory.com/)は総合的な情報源として有益。

PEACE 命の搾取ではなく尊厳を http://animals-peace.net/
動物実験と動物園を中心に、広く動物搾取の問題を扱う団体。すぐれた科学的知見にもとづく問題分析が最大の魅力。

ヘルプアニマルズ https://www.all-creatures.org/ha/
動物搾取を総合的に扱う真正の動物の権利団体。堅実な調査にもとづくウェブサイトの記事が秀逸。

NPO 法人 動物実験の廃止を求める会(JAVA) http://www.java-animal.org/
動物実験や解剖実習の廃止を中心目標とする団体。海外の動物利用や動物関連法をめぐるニュースも紹介。

NPO 法人 日本ベジタリアン協会 http://www.jpvs.org/
菜食生活の普及に努める団体。ウェブサイトには全国菜食料理店の情報を掲載。

◆書籍

ゲイリー・フランシオン／井上太一訳『動物の権利入門』緑風出版、2018 年
動物の権利論の基本文献。同分野に関する議論はこれを読まなければ始まらない。

ピーター・シンガー／戸田清訳『動物の解放』人文書院、2011 年
現代動物擁護論の古典にして原点。今日の議論の大半は本書を叩き台とする。

キャロル・J・アダムズ／鶴田静訳『肉食という性の政治学――フェミニズム - ベジタリアニズム批評』新宿書房、1994 年
フェミニストによる動物解放論の古典。本書が提示した概念や視点は、エコフェミニズムの動物解放論を大きく発展させた。

シェリー・F. コーブ／井上太一訳『菜食への疑問に答える 13 章――生き方が変わる、生き方を変える』新評論、2017 年
菜食者に寄せられる代表的な質問に答え、脱搾取の考え方を説いた著作。脱搾取を知りたい人にも、同じ質問を浴びる脱搾取派にも有益な本。

田上孝一『環境と動物の倫理』本の泉社、2017 年
環境倫理と動物倫理の歴史的展開を追った入門書。動物・環境問題を学問的に探究する上で初めに読む本として好適。

ローリー・グルーエン／河島基弘訳『動物倫理入門』大月書店、2015 年
穏健派エコフェミニストによる動物倫理の入門書。エコフェミニズムの根幹をなすケアの倫理について簡単に学べる。

デビッド・A・ナイバート／井上太一訳『動物・人間・暴虐史――“飼い貶し”の大罪、世界紛争と資本主義』新評論、2016 年
動物搾取と人間搾取の絡み合いを歴史的に解き明かした文献。総合的正義を目指す上で知っておかなくてはならない史実。

Joyful Vegan
www.joyfulvegan.com

Kim Stallwood（動物の権利論の在野研究者）
www.kimstallwood.com

Kimmela Center for Animal Advocacy
www.kimmela.org

The Last 1000（いまだアメリカの研究施設に囚われているチンパンジーの情報）
http://last1000chimps.com

Love 146（児童搾取と人身売買の根絶に従事）
https://love146.org

National Women's Coalition Against Violence & Exploitation（US）
http://nwcave.org

#Not1More
www.notonemoredeportation.com

Our Hen House
www.ourhenhouse.org

Queer Vegan Food
http://queerveganfood.com

Rabbit Advocacy Network
www.rabbitadvocacynetwork.org

SaveABunny
www.SaveABunny.org

Sentience South Africa
www.sentience.co.za

Sistah Vegan Project
http://sistahvegan.com

Striking at the Roots（動物活動のブログ）
https://strikingattheroots.wordpress.com

The Thinking Vegan
http://thethinkingvegan.com

The Vegan Society（UK）
www.vegansociety.com

Vegan.com
http://www.vegan.com

Vegan Feminist Network
http://veganfeministnetwork.com

Vegan Mexican Food
www.veganmexicanfood.com

Vegan Street
www.veganstreet.com

We Animals
www.weanimals.org

World of Vegan
www.worldofvegan.com

日本の関連団体と資料

〔訳者作成〕

◆団体

認定 NPO 法人アニマルライツセンター
http://www.arcj.org/
動物福祉とビーガン・ライフスタイルの

◆雑誌

Barefoot Vegan
www.barefootvegan.com

Chickpea
http://chickpeamagazine.com

Laika
www.laikamagazine.com

Satya
http://satyamag.com

Swell! Magazine
www.swellmagazine.com

The Vegan
www.vegansociety.com/resources/publications-video/veganmagazine

T.O.F.U. Magazine
www.ilovetofu.ca

Vegan Health and Fitness
www.veganhealthandfitnessmag.com

Vegan Lifestyle Magazine
www.veganlifestylemagazine.com

Vegan Magazine
www.vegan-magazine.com

VegNews
http://vegnews.com

◆その他のサイト

American Vegan Society
www.americanvegan.org

Animal Rights Meetups
www.meetup.com/topics/animalrights

Animal Visuals
www.animalvisuals.org

Black Lives Matter
http://blacklivesmatter.com

Black Women For Wellness
www.bwwla.org

Black Vegans Rock
www.blackvegansrock.com

Center for Farmworker Families
www.farmworkerfamily.org

Critical Resistance（監獄産業複合体の廃絶に従事）
http://criticalresistance.org

Faunalytics（動物擁護者のための無料検索ツール）
https://faunalytics.org

Food Fight! Grocery
www.foodfightgrocery.com

Herbivore Clothing
www.herbivoreclothing.com

House Rabbit Society
www.rabbit.org

HumanTrafficking.org
http://www.humantrafficking.org

Institute for Humane Education
http://humaneeducation.org

from Home and Around the World
Robin Robertson

Vegan with a Vengeance
Isa Chandra Moskowitz

◆脱搾取

The 30-Day Vegan Challenge (New Edition): The Ultimate Guide to Eating Healthfully and Living Compassionately
Colleen Patrick-Goudreau

Always Too Much and Never Enough: A Memoir
Jasmin Singer

The Face on Your Plate: The Truth about Food
Jeffrey Moussaieff Masson

Healthy at 100: The Scientifically Proven Secrets of the World's Healthiest and Longest-Lived Peoples
John Robbins

How to Be Vegan: Tips, Tricks, and Strategies for Cruelty-Free Eating, Living, Dating, Travel, Decorating, and More
Elizabeth Castoria

It's Easy to Start Eating Vegan: A Step-by-Step Guide with Recipes
Rebecca Gilbert

Main Street Vegan: Everything You Need to Know to Eat Healthfully and Live Compassionately in the Real World
Victoria Moran and Adair Moran

Never Too Late to Go Vegan: The Over-50 Guide to Adopting and Thriving on a Plant-Based Diet
Carol J. Adams, Patti Breitman, and Virginia Messina

The Polar Bear in the Zoo: A Speculation
Martin Rowe

Sistah Vegan: Black Female Vegans Speak on Food, Identity, Health, and Society
Edited by A. Breeze Harper

The Ultimate Betrayal: Is There Happy Meat?
Hope Bohanec

The Ultimate Vegan Guide: Compassionate Living without Sacrifice
Erik Marcus

Vegan for Life: Everything You Need to Know to Be Healthy and Fit on a Plant-Based Diet
Jack Norris and Virginia Messina

Vegetarian Paris: The Complete Insider's Guide to the Best Veggie Food in Paris
Aurelia d'Andrea

Will's Red Coat
Tom Ryan

The Oxen at the Intersection: A Collision
pattrice jones

Sister Species: Women, Animals, and Social Justice
Lisa Kimmerer

Striking at the Roots: A Practical Guide to Animal Activism
Mark Hawthorne

Uncaged: Top Activists Share Their Wisdom on Effective Farm Animal Advocacy
Ben Davidow

We Animals
Jo-Anne McArthur

◆生き方

Aftershock: Confronting Trauma in a Violent World: A Guide for Activists and Their Allies
pattrice jones

Animal Grace: Entering a Spiritual Relationship with Our Fellow Creatures
Mary Lou Randour

Healing Through the Dark Emotions: The Wisdom of Grief, Fear, and Despair
Miriam Greenspan

The Inner Art of Vegetarianism: Spiritual Practices for Body and Soul
Carol J. Adams

Vegan Freak: Being Vegan in a Non-Vegan World
Bob and Jenna Torres

Vegan's Daily Companion: 365 Days of Inspiration for Cooking, Eating, and Living Compassionately
Colleen Patrick-Goudreau

◆菜食料理

Afro-Vegan: Farm-Fresh African, Caribbean, and Southern Flavors Remixed
Bryant Terry

Eat Like You Give a Damn
Michelle Schwegmann and Josh Hooten

Eat Vegan on $4 a Day: A Game Plan for the Budget-Conscious Cook
Ellen Jaffe Jones

The Joy of Vegan Baking
Colleen Patrick-Goudreau

One-Dish Vegan: More than 150 Soul-Satisfying Recipes for Easy and Delicious One-Bowl and One-Plate Dinners
Robin Robertson

Vegan for Her: The Woman's Guide to Being Healthy and Fit on a Plant-Based Diet
Virginia Messina

Vegan Planet: 400 Irresistible Recipes with Fantastic Flavors

Nonhuman Rights Project
www.nonhumanrightsproject.org

Sea Shepherd Conservation Society
www.seashepherd.org

SHARK
www.sharkonline.org

United Poultry Concerns
www.upc-online.org

Vegan Outreach
www.veganoutreach.org

VINE Sanctuary
www.bravebirds.org

A Well-Fed World
http://awfw.org

Woodstock Farm Sanctuary
http://woodstocksanctuary.org

書籍

◆擁護活動

The Animal Activist's Handbook: Maximizing Our Positive Impact in Today's World
Matt Ball and Bruce Friedrich

Bleating Hearts: The Hidden World of Animal Suffering
Mark Hawthorne

Defiant Daughters: 21 Women on Art, Activism, Animals, and the Sexual Politics of Meat
Edited by Kara Davis and Wendy Lee

Entangled Empathy: An Alternative Ethic for Our Relationships with Animals
Lori Gruen

Ethics Into Action: Henry Spira and the Animal Rights Movement
Peter Singer

Growl: Life Lessons, Hard Truths, and Bold Strategies from an Animal Advocate
Kim Stallwood

In Defense of Animals: The Second Wave
Edited by Peter Singer
（ピーター・シンガー編／戸田清訳『動物の権利』技術と人間、1986 年）

The Lines We Draw
Sangamithra Iyer

The Master Communicator's Handbook
Teresa Erickson and Tim Ward

Meat Market: Animals, Ethics, and Money
Erik Marcus

Move the Message: Your Guide to Making a Difference and Changing the World
Josephine Bellaccomo

Nature Ethics: An Ecofeminist Perspective
Marti Kheel

Coalition to Abolish Animal Testing
www.ohsukillsprimates.com

Coalition to Abolish the Fur Trade
www.caft.org.uk

Cruelty Free International
www.crueltyfreeinternational.org

European Coalition to End Animal Experiments
www.eceae.org

League Against Cruel Sports
www.league.org.uk

Viva!
www.viva.org.uk

◆ニュージーランド
Direct Animal Action
www.directanimalaction.org.nz

Farmwatch
www.farmwatch.org.nz

Greyhound Protection League of New Zealand
http://gplnz.org

New Zealand Anti-Vivisection Society
www.nzavs.org.nz

Save Animals From Exploitation
www.safe.org.nz

◆南アフリカ
Beauty Without Cruelty South Africa
www.bwcsa.co.za

Seal Alert
https://sealalertsa.wordpress.com

◆アメリカ
Animal Legal Defense Fund
www.aldf.org

Animals & Society Institute
www.animalsandsociety.org

Beagle Freedom Project
www.beaglefreedomproject.org

Born Free USA
www.bornfreeusa.org

Compassionate Action for Animals
www.exploreveg.org

CompassionWorks International
www.cwint.org

Farm Animal Rights Movement
www.farmusa.org

Farm Sanctuary
www.farmsanctuary.org

Fish Feel
www.fishfeel.org

Food Empowerment Project
www.foodispower.org

Free from Harm
http://freefromharm.org

Mercy For Animals
www.mercyforanimals.org

補遺F　関連団体と資料

脱搾取(ビーガニズム)の関連団体と資料は多数ある。以下はほんのささやかな一覧にすぎない。

動物の権利団体

◆オーストラリア

Against Animal Cruelty Tasmania
www.aact.org.au

Animals Australia
www.animalsaustralia.org

Animal Liberation Victoria
www.alv.org.au

Edgar's Mission
http://edgarsmission.org.au

Humane Research Australia
www.humaneresearch.org.au

◆カナダ

Campaigns Against the Cruelty to Animals
www.catcahelpanimals.org

Canadian Animal Liberation Movement
www.calmaction.org

Canadian Voice for Animals
www.canadianvoiceforanimals.org

EarthSave Canada
www.earthsave.ca

Fur-Bearer Defenders
www.banlegholdtraps.com

Toronto Pig Save
www.torontopigsave.org

Toronto Vegetarian Association
www.veg.ca

Vancouver Humane Society
www.vancouverhumanesociety.bc.ca

ZooCheck
www.zoocheck.com

◆ヨーロッパ

Animal Aid
www.animalaid.org.uk

Animal Equality
www.animalequality.net

Animal Rights Action Network
www.aran.ie

解題

「ビーガン」という言葉も、ここ一年ほどでずいぶん聞かれるようになった。理由は二つ考えられる。まず、畜産業の多大な環境負荷が明らかになり、今後はその縮小が求められる中、食品業界も将来を見越した対応としてビーガン市場を広げる必要に迫られている、という事情が一つ。もう一つには、動物の権利運動が各国の動物産業に異を突き付けていることを背景に、この運動を支持する人々の考え方を伝える目的で報道各局がビーガンを紹介しだした、という事情がある。知られ方の良し悪しは別として、「ビーガン」が現在、一種のキーワードとして世間の注目を集めていることは確かだろう。わずかな期間で急速に知名度を増したこの概念の重要性を考えると、ビーガンとは何なのか、何をめざしているのかを改めて正しく理解することは、「いま」という時代を読み解くための一つの手がかりになるとみて間違いない。

本書は動物の権利運動に関するすぐれた文献を発表してきたアメリカの著名な活動家、マーク・ホーソーン氏によるビーガン倫理の入門書である。ビーガンの核心をなす動物の権利論の解説に始まり、ビーガンの理念、運動、生活、さらに日々の工夫や処世術にまで書きおよぶ本書は、コンパクトながら体系的にビーガニズムを知るための良き道案内となるだろう。

それだけではない。本書は現在、動物倫理学の界隈で大きな関心が寄せられている種々の抑圧の交わり、すなわち「交差性」についても詳しく取り上げ、問題提起の中核を担ってきたエコフェミニストらの議論を紹介する。エコフェミニズムは一昔前の日本でわずかに注目されたのち忘れ去られてしまったが、欧米圏ではその後、人間中心の社会正義を批判する強力な理論として成長し、現代動物倫理学の中で重要な役割を担うに至った。著者はそのような学問上の最新動向を踏まえ、動物だけでなく人権や環境をも視野に入れた総合的正義を提唱する。その意味で、本書はビーガニズムの基礎編であると同時に発展編としての性格をも併せ持つ。ビーガンを知りたい読者だけでなく、すでにビーガンである読者も、本書を通してより大きな社会正義の展望を育てられるに違いない。

ビーガン・菜食・脱搾取

ビーガニズムとは動物搾取の産物を可能なかぎり生活から一掃する立場を指す。したがって食の面では肉・乳・卵・蜂蜜などを避け、衣の面では絹・革・毛皮・羊毛などを避け、さらに動物実験を経た化粧品その他も不買の対象とする（菜食主義者すなわちベジタリアンは肉を食べない立場全般を指すので、ビーガンとは区別される）。本書ではこの本質を言い表わすべく、原則としてビーガニズムに「脱搾取」の語を当て、その実践者すなわちビーガンに「脱搾取派」の語を当てた。その上で、食を話題とする文脈では適宜「菜食」を用い、熟語は「ビーガン○○」の形としてある。読者によってはいっそカタカナで「ビーガン」に統一すればよいではないかと感じるかもしれないが、あえてその道をとらなかったことには理由がある。

まず、カタカナ語は語源が分からないので、字面からその意味するものを推測することができない。しかもビーガンという語は、vegan という元の英語にさかのぼっても、何を意味する言葉なのかがさっぱり分からない。一応これは vegetarian を短縮した語であるらしいが、それは「ビーガン」という文字をいくら眺めていても伝わってはこない。さらにいうと、vegan や vegetarian の veg は「野菜」を意味するという説があるかと思えば、いや実はラテン語の vegetus すなわち「生き生きする」という語に由来するのだという説もあり、結局何が正確な意味なのかはビーガンやベジタリアンですら分かっていない。「ビーガン」は「アジェンダ」や「スキーム」以上に謎めいた言葉なのである。

これだけであれば笑い話で済むかもしれないが、実はこの、意味が分からないという問題がより深刻な事態を招きつつある。先に「ビーガン」という語が広まった二つの理由として、食品業界の市場開拓と動物の権利運動の勢力拡大を挙げたが、これらの文脈にのっとる「ビーガン」の紹介はひどくゆがんだものとなっている。

市場開拓を狙った文脈では、ビーガニズムが「女性に人気」の「健康志向」の生活スタイルなどと紹介される。そこには動物搾取からの脱却というビーガニズム本来の政治的意味は微塵も反映されていない。ビーガンの多くが動物問題への関心から菜食に向かっていることは少し調べれば分かるはずなので、これは明らかにメディア会社の意図的な歪曲とみるよりない。動物搾取に依存する産業界にとっては、ビーガニズムに宿る正義運動としての精神性が広まっては困るので、あくまでそれを「健康志向」の生活スタイルと偽って脱政治化する必要がある。一方、ビーガン側も菜食を広めたい思いから、得てして動物問題への言及を避け、健康や長寿に資するビーガニズムの効用を強調しがちとなる（ビーガンフェスなどの催事にはことにその傾向が顕著にうかがえる）。結果、ビーガンの実態はますます世間から誤解されてしまう。

意味の分からないカタカナ語はこうした歪曲をこうむりやすい。健康法としての「ビーガニズム」が広まれば、短期的にはビーガン市場が広がってビーガンの暮らしが楽になるとしても、本来のビーガンらがめざす動物解放の目標は遠のきかねない。というのも、健康法は所詮、個人の自由や選択でしかないからである。健康になりたい人はビーガンになろう、という訴えは、健康よりも肉食の至福を選ぶ人々には通じない。しかも健康法は「自分みがき」でしかないのだから、まったく利己的な動機に根差す取り組みといえる。世間にそのような理解が広まっているのだとすれば、ビーガンがしばしば肉食者から「価値観を押し付けるな」と言われるのも当然といえよう（セクハラや人種差別が問題であったら、このような言い分は通用しない）。ビーガニズムを健康法の一種として広めることは、結果的にビーガニズムの訴求力を損なう。理念を反映しないカタカナ語にこのような弊害があることは意識した方がよいと考える。

動物の権利運動を念頭に置いた法人メディアの文脈では、さらに悪質な形でビーガンの意味がゆがめられる。そこでいう「ビーガン」は、「過激」な活動家の特徴を表わす一種の符丁である。近年、動物産業の妨害を目的として実力行使に出る活動家の事件がニュースで取り上げられるが、そうした活動家——動物の権利運動の中ではむしろ例外的な存在——が「ビーガン」であると報じられることで、ビーガンは危険思想の持ち主であるかのような印象が形づくられる。こちらはカタカナ語の弊害とばかりはいえないものの、ビーガンが何をめざしているかが不明確なまま、表面的な違法行為や「逸脱」行為だけが注目される結果、ビーガンの意味がゆがめられていく実例だといえる。

「ビーガン」という言葉が外来語としてほぼ定着しかかっていることを考えると、日常的にはこの言葉を使うのでもよいかもしれない。しかし、ビーガニズムの本質が「脱搾取」にあることだけは共通認識としてはっきりさせておくべきだろう。「純菜食」「完全菜食」といった訳語もあるが、菜食はビーガンにとって手段の一つにすぎない。ビーガンは私たちの社会を成り立たせる搾取秩序からの脱却をめざしている。

補足と反論

本書は脱搾取（ビーガニズム）の基本的な考え方を的確にまとめ、その発展を試みる。読者がすでに脱搾取派（ビーガン）であるなら、著者の議論に我が意を得たりと思う部分もあり、改めて啓発される部分も多々あることだろう。一方、まだ脱搾取派でない読者は、人間中心主義を超えた総合的正義の実践法を本書から学べるはずである。

ただし、人権擁護者やフェミニストが一様でないのと同じく、一口に脱搾取派といっても個別の問題に対する考え方は人によって大きく異なる。訳者は脱搾取派の一人として、おおよそ著者の議論に賛同するものの、いくつか見解の異なる部分もあるので、重要と思われる二つの点について反論も兼ねた補足をしておきたい。

まず、第三章で扱われる農場労働者の搾取である。これは深刻な人権侵害であり、農産物を消費する脱搾取派も真剣に向き合うべき問題に相違ない。ただ、著者（というよりその妻ローレン・オーネラス氏）の唱道する取り組みが有効かどうかは疑問が残る。農場経営者による労働者の搾取をなくすには、農産物の仕入業者に高値で農産物を取引するよう促すことが必要だとの記述がある。仕入業者が生産元から高値で野菜を買えば、農場経営者に入る金が増えるので、労働者の賃金も上げられる、という考え方である。が、私見ではおそらくそうはならない。農場経営者は低収益ゆえに仕方なく労働者を冷遇しているのではない。かれらはもとより思いのままに搾取できる労働者を求めて、脆弱な立場にある人々を利用する。本当にかれらが労働者を思いやっているのであれば、農場で働く女性たちは性暴力を受けない。農場経営者の収益が増えたとしても、かれらが私腹を肥やすだけで、奴隷同然に扱われる労働者にはその恩恵が行き渡らないと思われる。

より根本に迫る取り組みは、新自由主義に対する抵抗、より具体的には貿易自由化の阻止であろう。もとはといえば、南側諸国の小規模農家が故郷を離れ、働き口を求めて北側諸国へ流れるという構造自体に問題がある。なぜこれらの人々は元の土地で仕事につかず、海外へ渡って搾取労働の犠牲となるのか。それはそうせざるをえないからである。中南米やアジア、アフリカの農家たちは、莫大な補助金を後ろ盾とするアメリカやＥＵの安価な農産物が国内に流入してくる状況にあっては、価格競争で生き残るすべがない。廃業に追い込まれて食うや食わずの生活を送りたくなければ、かれらは海外へ出向くしかない。これが自由貿易のもたらした結果である。社会正義を追求する者は、必然的に弱い立場の人々を生み出すこのような経済体制そのものの解体をめざす必要があるだろう。(注1)

次に、著者は第五章で、動物搾取を奴隷制やホロコーストなどの人間抑圧と対比する手法は望ましくないと論じている（一三八ページ以降）。確かに、何の説明もなく奴隷制と動物搾取は似ているといわれても、動物製品の消費を暴力と認識しない人々には話が飛躍していると感じられるかもしれない。まとまった議論を提示できないＳＮＳやデモンストレーションなどの場でそのような対比をする試みは、動物問題に人々の関心を集めるどころか、むしろ反発を招く結果に終わるおそれがある。

しかし学問的にはむしろ、動物搾取と人間搾取の対比が重要な意味を持つと訳者は考える。例えばナチズムと動物搾取に精神的な類似性があることは、ナチスに翻弄された人々自身が指摘している。作家アイザック・バシェヴィス・シンガーや、精神分析家のヴィルヘルム・ライヒ、フランクフルト学派のテオドール・アドルノやマックス・ホルクハイマーはその代表者に数えられる。歴史を振り返れば自明なことであるが、かつての女性や有色人種やユダヤ人らは、「動物」とみなされることで抑圧の対象とされたのであって、種差別は人間差別の源泉、さらには方法論ですらあり続けた。だからこそ犠牲者を異にする抑圧の絡み合いを見据え、あらゆる差別に反対する総合的正義をめざす必要が生じる。動物搾取が人間抑圧に直結するという事実は、人権擁護の議論に欠けている視点を補うという意味でも、積極的に考究されるべき主題であると思われる。(注2)

よりよい生き方をめざして

白状すると、訳者もほんの数年前まで動物性食品が大好きだった。野菜が嫌いなわけではなかったいた。

が、食事の主役は肉料理と決まっていて、夕食ではほぼすべての品に肉が入っていたと思う。冷やっこや野菜のおひたしにすらおかかが載っていた。牛乳と卵をふんだんに使った菓子も習慣的に食べていた。

ところがある時、豚のドキュメンタリーで工場式畜産の現実をチラリと見たのがきっかけで、魚の小骨がのどに刺さったように、肉を食べながら軽い罪悪感を覚えるようになった。しかし考えてみれば、畜産場の動物が体の向きも変えられない檻に閉じ込められているといった話は、そのとき初めて知ったわけではないことも内心で分かっていた。そうして何カ月か過ごしたのち、どうにも自分の矛盾に耐えられなくなって、母とともに思い切って菜食に挑戦することに決めた。

初めのうちは我慢もあった。後で分かったことだが、訳者一家は一番挫折しやすい菜食の方法をとっていた。それまで肉を入れていた料理からただ肉を抜くというやり方である。肉の代わりに油揚げや肉もどきを使うという案を知っていれば、菜食生活の出だしはずっと楽だったに違いない。しかしそれでも、続けているうちに段々肉を欲さなくなってきて、ついには肉料理の広告が嫌悪感を催すものになっていた。その後、これといったきっかけもなく卵と乳製品も食べなくなった。採卵業と酪農業の残酷さを知ったのはさらに後のことである。

脱搾取派なら誰もが認めるであろうが、ひとたび肉食という規範を脱すると、世界の見え方がガラリと変わる。これまで気にも留めていなかった街の風景が、動物たちの血と涙と苦しみに満ち満ちていることが肌身で感じられる。「社会の公正を」「苦しむ人々に救いの手を」という声が飛び交う陰で、いかに多くの犠牲者たちが、特にどうということもない存在としてないがしろにされているかが見えてくる。自分が長いあいだ他者を苦しめてきたこと、そこからあえて目を背けてきたこと、できる努力もせずにいたことが、後悔とともに思い出される。この感覚を知ることはおそらく、世の中を良くしたいと願う人々にとって大切な経験なのではないかと思う。社会を変えたければ、私たちはまず自分自身を変えなければならない。自分の視界が特権の霧に覆われたままでは、権力に立ち向かう努力は空回りに終わるだろう。そして脱搾取派の目でみれば、動物搾取の産物を消費する人々は、他の方面でどれほど立派な正義を語っていても、やはり視界が曇っている。人権運動の最前線に立つ知識人であっても、脱搾取派の一般庶民からみれば狭い正義感に囚われていると映るのである。

もちろん、脱搾取派の方も偉そうなことばかりは言っていられない。動物擁護者の中には脱搾取に移行しただけで「あがり」と思う者もいるが、直接の動物搾取を経由しない商品でも、パーム油やプラスチック容器のように、生産や廃棄の段階で環境を損ない、人間と人間以外の動植物とに多大な害をもたらすものは枚挙にいとまがない。畜産業が地球温暖化の最大原因であるといっても、肉食をやめることでエアコンや自動車の濫用が「免罪」されるわけではない。また、人間以外の動物を思いやる一方で人間搾取に目を向けない態度も一貫性を欠く。脱搾取派の中にも少数ながらヘイト思想の持ち主がいることは極めて問題である（こうした人々はそもそも「脱搾取派」と呼ぶに値しない）。脱搾取はこれからますます世間に広まっていくと思われるので、早いうちからこうした点を正していくことが必要だろう。

自分は世界のためにやれるだけのことをやっている、という慢心は倫理的な生き方をめざす上で障壁になる。個人の力ではどうしようもない抑圧がはびこり、普通に暮らしていれば否応なく何らかの搾取に加担してしまうのが今の世の中である以上、完璧な生活を送れる者など誰一人としていない。私たちはあくまで謙虚な姿勢を忘れず、他者から学び、自己を振り返る必要がある。人権や環境を気にかけながらも動物の苦しみを考えたことがなかったという人は、この読書体験をきっかけに脱搾取の生活を始めてくれたらと願う。きっと世界を見つめる今までの問題意識に、新たな深みが加わるだろう。一方、すでに脱搾取派の人は、本書が指摘する動物擁護運動の問題点をしっかり受け止め、倫理にもとづく生活実践の枠をさらに広げてほしい。生きとし生ける者たちの安寧を求め、一人一人が創造的な自己刷新に努めれば、私たちは人間にとっても人間以外の生命にとっても、はるかに愛のある社会を築けるはずである。

＊　＊　＊

最後になりましたが、本書の翻訳に当たって語学上の不明点にお答えくださったマイク・ミルワード先生、本書の企画を快諾し、綿密な編集と校正に当たってくださった緑風出版の高須次郎氏、高須ますみ氏、斎藤あかね氏に、心よりお礼申し上げます。また、息子とともに楽しい菜食生活、もとい、脱搾取の道を歩んでくれる母にも多謝。

二〇一八年一一月

井上太一

【注】

1　実際、動物倫理学の分野では脱搾取の運動と反資本主義の運動を車の両輪とするよう提唱している議論も多数存在する。邦訳されている文献ではデビッド・A・ナイバート／拙訳『動物・人間・暴虐史――〝飼い貶し〟の大罪、世界紛争と資本主義』（新評論、二〇一六）、ジョン・ソレンソン／拙訳『捏造されるエコテロリスト』（緑風出版、二〇一七）を参照。

2　イタリアの思想家ジョルジョ・アガンベンは、人間の動物化が集団迫害を生むとの考察を示した（岡田温司＋多賀健太郎訳『開かれ――人間と動物』平凡社、二〇一一）。フランスの暴力論研究者ミシェル・ヴィヴィオルカは、ベトナム戦争時の米兵が現地の人々を動物とみたことが蛮行の激化に繫がったと分析する（田川光照訳『暴力』新評論、二〇〇七）。アメリカの史学家チャールズ・パターソンは、ナチズムと動物搾取の密接な繫がりを歴史的に論証した（戸田清訳『永遠の絶滅収容所――動物虐待とホロコースト』緑風出版、二〇〇七）。その他、動物倫理学の分野ではマージョリー・スピーゲル、カレン・デイビス、ジョン・サンボンマツといった研究者らが、動物搾取と人間抑圧の結び付きを説得力ある形で論じている。

[著者紹介]

マーク・ホーソーン（Mark Hawthorne）

活動家・文筆家。1992年にインドで1頭の牛と出会ったことをきっかけに肉食をやめ、10年後にビーガンとなる。動物の権利に関する著書に *Bleating Hearts: The Hidden World of Animal Suffering* と *Striking at the Roots: A Practical Guide to Animal Activism*（ともにChangemakers Booksより刊行）がある。*VegNews*、*The Vegan*、*Laika* などの雑誌のほか、*Vegan's Daily Companion*（Quarry Books）、*SATYA: The Long View*（Lantern Books）、*Uncaged: Top Activists Share Their Wisdom on Effective Farm Animal Advocacy*（Ben Davidow）、*Turning Points in Compassion*（SpiritWings Humane Education Inc.）、およびアンソロジーの *Stories to Live By: Wisdom to Help You Make the Most of Every Day*、*The Best Travel Writing 2005: True Stories from Around the World*（ともにTravelers' Talesより）に寄稿。妻のローレン・オーネラスとともにカリフォルニア州に在住。ウェブサイトはMarkHawthorne.com、フェイスブック・アカウントはFacebook.com/MarkHawthorneAuthor、ツイッター・アカウントは@markhawthorne。

[訳者紹介]

井上太一（いのうえ・たいち）

翻訳家。日本の動植物倫理・環境倫理を発展させるべく、関連する海外文献の紹介に従事。国内外で講演活動、動物擁護団体への協力活動も行なう。『菜食への疑問に答える13章』（新評論、2016年）、『動物実験の闇』（合同出版、2017年）、『動物の権利入門』（緑風出版、2018年）ほか、訳書多数。

ホームページ；「ペンと非暴力」

https//vegan-translator.themedia.jp/

ビーガンという生き方

2019年2月10日　初版第1刷発行　　定価2200円+税

著　者　マーク・ホーソーン
訳　者　井上太一
発行者　高須次郎
発行所　緑風出版 ©

〒113-0033　東京都文京区本郷2-17-5　ツイン壱岐坂
［電話］03-3812-9420　［FAX］03-3812-7262［郵便振替］00100-9-30776
［E-mail］info@ryokufu.com［URL］http://www.ryokufu.com/

装　幀　斎藤あかね
制　作　R企画　　印　刷　中央精版印刷・巣鴨美術印刷
製　本　中央精版印刷　　用　紙　大宝紙業・中央精版印刷　E1200

Printed in Japan　　ISBN978-4-8461-1902-7　C0036